U0730063

建筑施工特种作业人员安全技术培训教材

建筑起重司索信号工

建筑施工特种作业人员
安全技术培训教材编审委员会   组织编写

浙江省建筑业行业协会
施工安全与设备管理分会   主编

中国建筑工业出版社

图书在版编目（CIP）数据

建筑起重司索信号工/建筑施工特种作业人员安全技术培训教材编审委员会组织编写；浙江省建筑业行业协会施工安全与设备管理分会主编. —北京：中国建筑工业出版社，2019.4（2021.5重印）
建筑施工特种作业人员安全技术培训教材
ISBN 978-7-112-23526-1

Ⅰ.①建… Ⅱ.①建…②浙… Ⅲ.①建筑机械-起重机械-信号-安全培训-教材 Ⅳ.①TH210.8

中国版本图书馆CIP数据核字（2019）第055348号

本书作为针对建筑施工特种作业人员之一建筑起重司索信号工的培训教材，紧紧围绕《建筑施工特种作业人员管理规定》、《建筑施工特种作业人员安全技术考核大纲（试行）》、《建筑施工特种作业人员安全操作技能考核标准（试行）》等相关规定，对建筑起重司索信号工必须掌握的安全技术知识和技能进行了阐解，全书共6章，包括：基础理论知识，常用起重索具和吊具，常用起重机械，吊装方案的编制与施工管理，起重吊装作业，起重吊运指挥信号。本书针对建筑起重司索信号工的特点，本着科学、实用、适用的原则，内容深入浅出，语言通俗易懂，形式图文并茂，系统性、权威性、可操作性强。

本书既可作为建筑起重司索信号工的培训教材，也可作为建筑起重司索信号工参考书和自学用书。

责任编辑：范业庶　张　磊　王华月
责任校对：焦　乐

建筑施工特种作业人员安全技术培训教材
建筑起重司索信号工
建筑施工特种作业人员安全技术培训教材编审委员会　组织编写
浙江省建筑业行业协会施工安全与设备管理分会　主编

＊

中国建筑工业出版社出版、发行（北京海淀三里河路9号）
各地新华书店、建筑书店经销
霸州市顺浩图文科技发展有限公司制版
北京建筑工业印刷厂印刷

＊

开本：850×1168毫米　1/32　印张：9½　字数：255千字
2019年5月第一版　2021年5月第三次印刷
定价：**34.00**元
ISBN 978-7-112-23526-1
（33514）

版权所有　翻印必究
如有印装质量问题，可寄本社退换
（邮政编码100037）

建筑施工特种作业人员安全技术培训教材
编审委员会

主　　任：胡永旭　　张鲁风

副主任：邵长利　　范业庶

编委会成员：（按姓氏笔画排序）

王　启	王　辉	王　强	王立东	王兰英
文　俊	甘京铁	厉天数	卢健明	田华强
白　晶	邝欣慰	吕济德	刘振春	孙　冰
李昇平	李维波	李锦生	李新峰	杨象鸿
步向义	肖鸿韬	时建民	吴　杰	邱世军
余　斌	宋　渝	张晓飞	陆　凯	陈　钊
陈幼年	陈光明	陈胜文	幸超群	林东辉
周　涛	赵　锋	赵子萱	钟花荣	闻　婧
祝汉香	秦立强	袁　明	贾春林	徐　波
殷晨波	黄红兵	梁尔军	梁永贵	韩祖民
喻惠业	滑海穗	熊　琰		

3

本书编委会

主　编：韩祖民

副主编：厉天数　汪　炅　李维波　闻　婧　宋晓军
　　　　　袁　斌　周圣平

编委会成员：（按姓氏笔画排序）
　　　　　王汉炜　方　超　孙　列　华　军　吴国英
　　　　　岑烈君　张为民　金鹤翔　赵建伟　姚云波
　　　　　曹　驰　尉伟丽　蒋　励　黎晓伟

序　言

中共中央、国务院 2016 年 12 月 9 日颁发的《关于推进安全生产领域改革发展的意见》中明确指出，"安全生产是关系人民群众生命财产安全的大事，是经济社会协调健康发展的标志，是党和政府对人民利益高度负责的要求。"

建筑业是我国国民经济的重要支柱产业。改革开放以来，我国建筑业快速发展，建造能力不断增强，产业规模不断扩大，吸纳了大量农村转移劳动力，带动了大量关联产业，对经济社会发展、城乡建设和民生改善作出了重要贡献。建筑安全生产管理工作也取得了很大成绩。从总体上看，全国建筑安全生产形势呈不断好转之势，但受施工环境和作业特点等所限，特别是超高层、大体量的建设工程逐年递增，施工现场不安全因素较多，建筑安全生产形势依然非常严峻。建筑业仍属事故多发的高危行业之一，每年发生的事故起数和死亡人数有着较大波动性。因此，建筑安全生产是建筑业和工程建设发展的永恒主题，必须以习近平新时代中国特色社会主义思想为指引，牢固树立以人为本、安全发展的理念，坚持"安全第一、预防为主、综合治理"方针，坚持速度、质量、效益与安全的有机统一，强化和落实建筑业企业主体责任，防范和遏制重特大事故，防止和减少违章指挥、违规作业、违反劳动纪律行为，促进建设工程安全生产形势持续稳定好转。

建筑施工特种作业，是指在建筑施工活动中容易发生事故，对操作者本人、他人的安全健康及设备、设施的安全可能造成重大危害的作业。直接从事建筑施工特种作业的人员，称为建筑施工特种作业人员。因此，抓好建筑施工特种作业人员的专业培训教育，实行持证上岗，对于保障建筑施工安全生产具有极为重要的意义。

本系列教材的编写依据主要是《建筑施工特种作业人员管理规定》（建质〔2008〕75号）、《关于建筑施工特种作业人员考核工作的实施意见》（建办质〔2008〕41号）。根据建筑施工特种作业人员的分类和《建筑施工特种作业人员安全技术考核大纲》（试行）所规定的考核知识点，本系列教材共编为12本。其中，《特种作业安全生产基本知识》是综合性教材，适用于所有的建筑施工特种作业人员；其余11本为专业性用书，分别适用于建筑电工、普通脚手架架子工、附着升降脚手架架子工、建筑起重司索信号工、塔式起重机司机、施工升降机司机、物料提升机司机、塔式起重机安装拆卸工、施工升降机安装拆卸工、物料提升机安装拆卸工、高处作业吊篮安装拆卸工。

本系列教材的编写工作，得到了黑龙江省建筑安全监督管理总站、河南省建筑安全监督总站、湖北省建设工程质量安全协会、浙江省建筑业行业协会施工安全与设备管理分会、山东省建筑安全与设备管理协会、湖南省建设工程质量安全协会、重庆市建设工程安全管理协会、江苏省建筑行业协会建筑安全设备管理分会、广东省建筑安全协会、安徽省建设行业质量与安全协会、江苏省高空机械吊篮协会和高空机械工程技术研究院以及有关方面专家们的大力支持，分别承担和完成了本系列教材的各书编写工作。特此一并致谢！

本系列教材主要用于建筑施工特种作业人员的业务培训和指导参加考核，也可作为专业院校和有关培训机构作为建筑施工安全教学用书。本书虽经反复推敲，仍难免有不妥之处，敬请广大读者提出宝贵意见。

建筑施工特种作业人员安全技术培训教材编审委员会

2018年12月

前　　言

随着我国工程建设规模和建筑施工装备水平的提升，建筑起重机械大量应用于施工现场垂直和水平运输作业。相关的起重司索信号工以及建筑施工企业起重特种作业人员的配置、操作技能与快速发展的建设新态势不匹配。特种作业人员的培训与考核内容、方式有待进一步改进、完善。

经统计，建筑起重机械在"安装、拆卸和使用"三个环节上所造成的事故占起重机械总起事故比例的95％以上。"使用"环节指起重机司机作业和起重司索信号工作业。根据《建筑起重机械典型事故分析和对策》，造成起重机械"使用"环节方面的事故，均由于起重司索信号工不到位、无证上岗、起重司索信号工与起重司机未能默契配合等因素引发。规范起重机械安全使用，提升起重司索信号工的理论知识和实际操作水平，杜绝起重机械"使用"环节方面的事故，是我们共同追求的目标。

根据住房和城乡建设部颁布的《建筑施工特种作业人员管理规定》和《建筑施工特种作业人员安全技术考核大纲（试行）》、《建筑施工特种作业人员安全操作技能考核标准（试行）》的相关要求。我们组织编写了《建筑起重司索信号工》教材，旨在进一步规范建筑施工特种作业人员安全技术培训考核工作，帮助广大建筑施工特种作业人员更好地理解和掌握建筑起重机械安全技术理论和实际操作安全技能。全面提高建筑施工特种作业人员的知识水平和实际操作能力。

本书以科学严谨的态度，从基础理论知识开始，系统介绍常用起重索具和吊具；常用起重机械的分类、基本参数、结构原理及安全操作要求；吊装方案的编制和事故案例分析；起重吊装作业和各类起重吊装包括装配式建筑的吊装；起重吊运；指挥信号等。

本书针对起重司索信号工的特点，本着科学、实用、适用的原则，内容深入浅出，形式图文并茂，可操作性强。

但由于时间紧迫，难免存在错误和不足之处，希望广大读者给予批评指正。

2019 年 1 月

目　　录

1 基础理论知识

1.1 力学基本知识

1.1.1 力的基本概念

（1）力的概念

力是一个物体对另一个物体的作用，它包括两个物体，一个叫受力物体，另一个叫施力物体，其效果是使物体的运动状态发生变化或使物体发生变形。

力使物体运动状态发生变化的效应称为力的外效应，使物体产生变形的效应称为力的内效应。力是物体间的相互机械作用，力不能脱离物体而独立存在。

（2）力的三要素

力作用在物体上，要使物体产生预想的效果，这种效果不但与力的大小有关，而且与力的方向和力的作用点有关。在力学中，把"力的大小、方向和作用点"称为力的三个要素。如图1-1所示，用手拉伸弹簧，用的力越大，弹簧拉得越长，这表明力产生的效果跟力的大小有关系；用同样大小的力拉弹簧和压弹簧，拉的时候弹簧伸长、压的时候弹簧缩短，说明力的作用效果跟力的作用方向有关系。如图1-2所示，用扳手拧螺母，手握在手柄的 A 点比 B 点省力，表明力的作用效果与力的方向和力的作用点有关，三要素中任何一个要素改变，都会使力的作用效果改变。

力是矢量，具有大小和方向。力的大小表明物体间作用力的强弱程度；力的方向表明在该力的作用下，静止的物体开始运动的方向，作用力的方向不同，物体运动的方向也不同，力的作用点是物体上直接受力作用的点。在国际计量单位制中，力的单位用牛顿，简写为牛（N）或千牛（kN）。工程上曾习惯采用公斤力、千克力（kgf）吨力（tf）来表示。它们之间的换算关系为：

1 牛顿（N）=0.10 公斤力（kgf）

1 吨力（tf）=1000 公斤力（kgf）

1 千克力（kgf）=1 公斤力（kgf）=9.807 牛（N）≈10 牛（N）

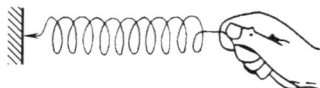

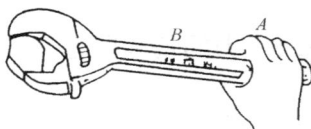

图 1-1　手拉弹簧　　　　　　　图 1-2　用扳手拧螺母

（3）力的性质

经过长期的实践，人们逐渐认识了关于力所遵循的许多规律，其中最基本的规律可以归纳为以下几个方面。

1）二力平衡

要使物体在两个力的作用下保持平衡的条件是：这两个力大小相等，方向相反，且作用在同一直线上。

2）力的可传递性

通过作用点，沿着力的方向引出的直线，称为力的作用线，在力的大小、方向不变的条件下，力的作用点的位置，可以在它的作用线上移动而不会影响力的作用效果，这就是力的可传递性。

3）作用力与反作用力

力是物体间的相互作用，因此它们必然是成对出现的，一物体以一力作用于另一物体上时，另一物体必以一个大小相等、方向相反且同一作用线的力作用在此物体上。如手拉弹簧，当手给弹簧一个力为－T，弹簧产生一个反力为 T。T 和－T 大小相等，方向相反，且作用在同一直线上。作用力和反作用力是分别作用在两个物体上的，不能看成是两个平衡力而相互抵消。

（4）力的合成与分解

力是矢量，矢量的合成与分解都遵从平行四边形法则（可简化成三角形法则），如图 1-3 所示。求两个互成角度的共点力的合力，可用表示这两个力的有向线段为邻边做平行四边形，其对角就表示合力的大小和方向（也可简化成三角形）。

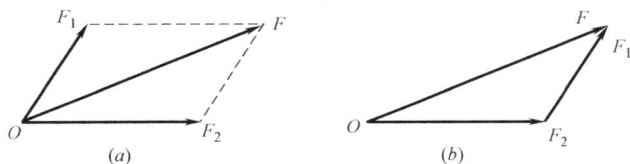

图 1-3　力的合成
(a) 平行四边形法则；(b) 三角形法则

平行四边形法则实质上是一种等效替换的方法。一个矢量（合矢量）的作用效果和另外几个矢量（分矢量）共同作用的效果相同，就可以用这个矢量代替那几个矢量，也不改变原来的作用效果。

由三角形法则还可以得到一个推论：如果 n 个力首尾相接组成一个封闭多边形，则这个 n 个力的合力为零。

在用平行四边形法则作图时，分矢量和合矢量要画成带箭头的实线，平行四边形的另外两边必须画成虚线。

【例 1-1】　轻绳 AB 总长 1，用轻滑轮悬挂重 G 的物体。绳能承受的最大拉力是 2G，将 B 端缓慢向右移动而使绳不断，分析绳的拉力变化。

【解】　以与滑轮接触的那一小段绳子为研究对象，在任何一个平衡位置都在滑轮对它的压力 G 和绳的拉力 F_1、F_2 共同作用下静止。而同一根绳子上的拉力 F_1、F_2 总是相等的，它们的合力 N 是压力 G 的平衡力，方向竖直向上，因此，以 F_1、F_2 为分

力的合成的平行四边形，可知 A 点到 B 点的距离越大，绳受的拉力越大，越容易被拉断。如图 1-4 所示

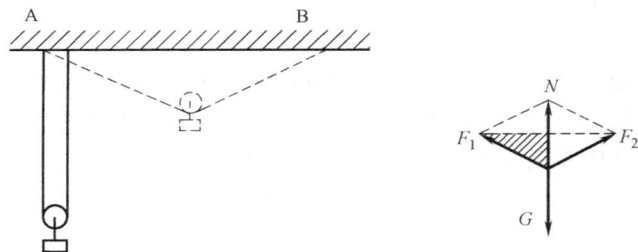

图 1-4 拉力示意

（5）物体的受力分析

在进行受力分析时，研究对象可以是某一个物体，也可以是保持相对静止的若干个物体。如吊运一捆钢管，在分析吊运钢丝绳受力时，可以看成一件物体。当在考虑钢管之间保持稳定时，又可看成多个物体。在解决比较复杂的问题时，灵活地选取研究对象以外的物体施予研究对象的力（即研究对象所受的外力），而不分析研究对象施予外界的力。

需要合成或分解时，必须画出相应的平行四边形（或三角形），在解同一个问题时，分析了合力就不能再分析分力；分析了分力就不能再分析合力，千万不可重复。

（6）共点力作用下物体的平衡

1）共点力

几个力作用于物体的同一点，或它们的作用线交于同一点（该点不一定在物体），这几个力叫共点力。

2）共点力的平衡条件

在共点力作用下物体的平衡条件是合力为零。

3）判定定理

物体在三个互不平行的力的作用下处于平衡，则这三个力必为共点力（表示这三个力的矢量首尾相接，恰能组成一个封闭三

角形）。

（7）合力矩定理

人用扳手转动螺母，会感到加在扳手上的力越大，或者力的作用线离中心越远，就越容易转动螺母，如图1-5所示。力使刚体绕O点转动的效应，不仅与力的大小成正比。而且与O点至力作用线的垂直距离成正比。乘积加上适当的正负号。称为力对O点的矩，简称力矩。

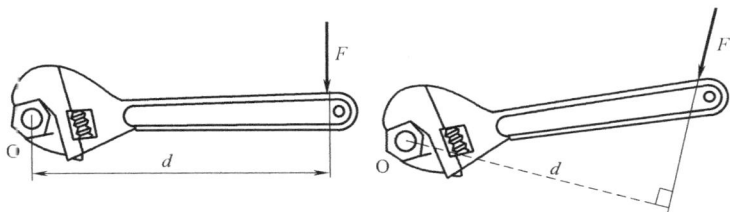

图1-5　力矩

合力对于物体的作用效果，等于力系中各分力对物体的作用效果的总和。力对物体的转动效果，取决于力矩。所以，合力对于平面内任意一点的力矩，等于各分力对同一点的力矩之和。这个关系称为合力矩定理，用数学表达式表示为：

$$M_o(F)=m_o(F_1)+m_o(F_2)++\cdots+m_o(F_n)=\sum m_o(F)$$

$$(1-1)$$

在日常生活中，常遇到力矩平衡的情况。如图1-6所示，以杆秤为例，不计杆秤自重，重物对O点的力矩大小为P_a，秤砣对O点的力矩大小为Q_b。力P对O点的矩与力Q对O的矩必定大小相等，转向相反，使杆秤处于平衡情况，即$Q_b+P_a=0$，各力对转动中心O点的矩的代数和等于零，即合力矩等于零。用

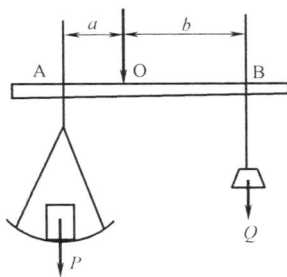

图1-6　力矩的平衡

公式表示：

$$M_o(F_1) + m_o(F_2) + \cdots + m_o(F_n)$$
$$= \sum m_o(F) = Q_b + P_a = 0 \qquad (1\text{-}2)$$

1.1.2 变形的基本形式

　　物体（构件）在受到外力作用后就要发生变形，外力在力学上也称为载荷。载荷又分为静载荷和动载荷。外力可以用各种不同的方式作用在物体上，因此，物体由于外力所引起的变形形式也就不同，而当外力使物体发生变形的同时，在物体的分子间也伴随着产生一种抵抗力，这种抵抗力就是内力。物体单位面积上内力的大小叫作应力。变形的基本形式可以分为以下几种类型。

　　（1）拉伸（拉长）

　　当物体两端受到大小相等、方向相反、作用线在轴线上、外力为拉力作用时，物体变形伸长，这就是拉伸变形。如橡皮筋，在拉力的作用下，橡皮筋被拉长了，这种变形就叫作拉伸。在日常生活中拉伸的例子很多，如起重机的吊绳、缆风绳等在起重作业中都受拉伸作用。物体在拉力作用下所产生的应力叫作拉应力。

　　（2）压缩（压短）

　　当物体两端受到大小相等、方向相反、作用线在轴线上、外力为压力作用时，物体就缩短，这种变形即为压缩变形。如在弹簧的两端用力按压，弹簧就比原来的长度缩短了，这就是压缩，所受的力叫作压力。如锻压机锻造零件时，锻压机砧座所受到的力是压力；千斤顶提升物体时，螺杆所受到的力也是压力；起重桅杆在吊起重物时，桅杆本身受到压缩。物体在压力作用下所产生的应力叫作压应力。

　　（3）剪切

　　物体受大小相等、方向相反、作用线距离较近的两外力作用时，物体上的两外力之间的局部出现错位，这种变形叫剪力变形，所受的力就是剪切力。如将许多本书整齐地叠在一起，然后用双手将中间相邻两本书向相反方向推，这就是剪切；两块钢板用铆钉接在一起，然后用大小相等、方向相反的力拉（或压）钢板，此时，铆钉所受的力就是剪切力。剪切力的特点是两力大小相等，两力间的距离很近，而且是垂直作用在物体的中心线上。物体在剪切力作用下所产生的应力叫作剪切应力（如日常中用剪刀剪纸板，纸板受的力就是剪切力，纸板内部产生的抵抗剪刀剪断的力是剪切应力）。

（4）弯曲

当物体受到与其轴线垂直的外力或轴线平面内的力偶作用时，物体由直线变成曲线，这种变形叫弯曲变形。取一根木棒，两端放在支座上，然后在中间放重物。此时可以看到木棒向下弯曲。这种类型的变形叫作弯曲力，在弯曲力的作用下产生的应力就叫作弯曲应力。在工厂中的桥式起重机大梁的变形就是属于这种类型。（如：人折树枝，树枝就会弯曲变形，树枝内部的抵抗力是弯曲应力，人折树枝的力是弯曲力。）

（5）扭转

当物体的两端受到大小相等地、方向相反、作用面垂直于物体轴线的一对力偶作用时。使物体任意两截面出现绕轴线的相对转动，这就是扭转变形，这种变形叫作扭转，所受的力叫扭转力，在扭转力作用下产生的应力叫作扭转应力。如电动机的输出轴、汽车的方向轴、变速箱的输出轴、两个人用力拧衣服等都是承受扭转变形。

上面所说的拉伸、压缩、剪切、弯曲、扭转五种变形形式叫作基本变形。有时设备与构件在受到外力作用下产生的变形比较复杂，但都是由以上五种基本变形所组成。

1.2 机械基础知识

1.2.1 机械基础概述

（1）机器

机器基本上都是由原动部分、工作部分和传动部分组成的。

原动部分是机器动力的来源。常用的原动机有电动机、内燃机等。工作部分是完成机器预定的动作,处于整个传动的终端,其结构形式要取决于机器工作本身的用途。传动部分是把原动部分的运动和动力传递给工作部分的中间环节。

机器通常有以下三个共同的特征:

1)机器是由许多构件组合而成的。

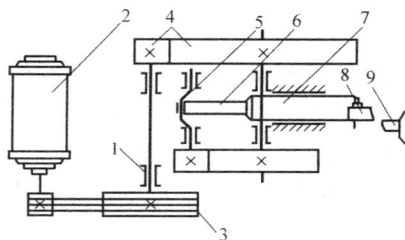

图 1-7 钢筋切断机示意图

1—机架;2—电动机;3—带传动机构;
4—齿轮机构;5—偏心轴;6—连杆;
7—滑块;8—活动刀片;9—固定刀片

如图 1-7 所示,钢筋切断机由电动机通过带传动及齿轮传动减速机,带动由曲柄、连杆和滑块组成的曲柄滑块机构,使安装在滑块上的活动刀片周期性地靠近或离开安装在机架上的固刀片,完成切断钢筋的工作循环。其原动部分为电动机,执行部分为刀片,传动部分包括带传动、齿轮传动和曲柄滑块机构。

2)机器中的构件之间具有确定的相对运动。活动刀片相对固定刀片做往复(来回)运动。

3)机器可以用来代替人的劳动,完成有用的机械功或者实现能量转换。如运输机可以改变物体的空间位置,电动机能把电能转换成机械能等。

(2)机构

机构与机器有所不同,机构具有机器的前两个特征,而没有最后一个特征,通常把这些具有确定相对运动构件的组合称为机构。所以机构和机器的区别是机构的主要功用在于传递或转变运动的形式,而机器的主要功用是为了利用机械能做功或实现能量转换。

（3）机械

在现代汉语中，机械是机器和机构的总称。

（4）运动副

使两物体直接接触而又能产生一定相对运动的连接，称为运动副。如图 1-8 所示。

根据运动副中两机构接触形式不同，运动副可分为低副和高副。

1）低副：低副是指两构件之间作面接触的运动副，按两构件的相对运动情况，可分为：

① 转动副：指两构件在接触处只允许做相对转动，如由轴和瓦之间组成的运动副。

② 移动副：指两构件在接触处只允许做相对移动，如由滑块与导槽组成的运动副。

③ 螺旋副：两构件在接触处只允许做一定关系的转动和移动的复合运动，如丝杠与螺母组成的运动副。

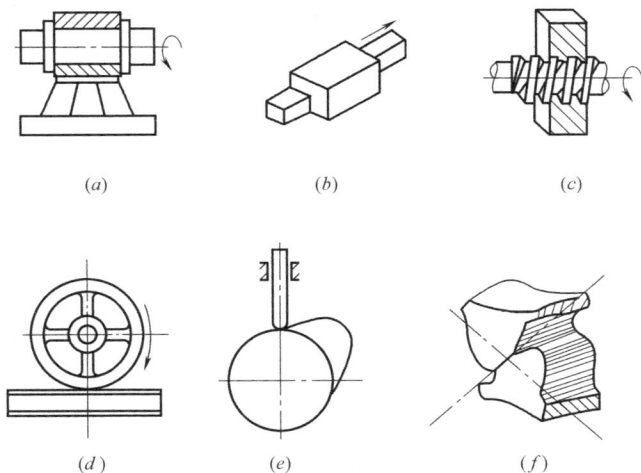

(a)　　　　　　　(b)　　　　　　　(c)

(d)　　　　　　　(e)　　　　　　　(f)

图 1-8　运动副

(a) 转动副；(b) 移动副；(c) 螺旋副；(d) 滚轮副；(e) 凸轮副；(f) 齿轮副

2）高副：高副是两构件之间作点或线接触的运动副。按两构件的相对运动情况，可分为：

① 滚轮副：如由滚轮和轨道组成的运动副。

② 凸轮副：如凸轮与从动杆组成的运动副。

③ 如两齿轮轮齿的啮合组成的运动副。

1.2.2　机械传动

（1）齿轮传动

齿轮传动是由齿轮副组成的传递运动和动力的一套装置，所谓齿轮副是由两个相啮合的齿轮组成的基本结构。

1）齿轮传动工作原理

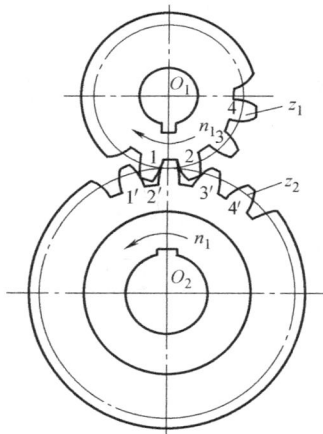

齿轮传动由主动轮、从动轮和机架组成。齿轮传动是靠主动轮的轮齿与从动轮的轮齿直接啮合来传递运动和动力的装置。如图 1-9 所示，当一对齿轮相互啮合而工作时，主动轮 O_1 的轮齿 1、2、3、4、…，通过啮合点法向力的作用逐个地推动从动轮 O_2 的轮齿 $1'$、$2'$、$3'$、$4'$、…，使从动轮转动，从而将主动轮的动力和运动传递给从动轮。

2）传动比

如图 1-9 所示，在一对齿轮中，设主动齿轮的转速为 n_1，齿数为 z_1，从动齿轮的转速为 n_2，齿数为 z_2，由于是啮合传动，在单位时间里两轮转动的齿数应相等，即 $z_1 \cdot n_1 = z_2 \cdot n_2$，由此可得一对齿轮的传动比，见式（1-3）。

图 1-9　齿轮传动

$$i_{12} = n_1/n_2 = z_2/z_1 \tag{1-3}$$

式中：

i_{12}——齿轮的传动比；

n_1、n_2——齿轮的转速；

z_1、z_2——齿轮的齿数；

上式说明一对齿轮传动比，就是主动齿轮与从齿轮转速（角速度）之比，与其齿数成反比。若两齿轮的旋转方向相同，规定传动比为正，若两齿轮的旋转方向相反，规定传动比为负，则一对齿轮的传动比可写为：$i_{12}=\pm n_1/n_2=\pm z_2/z_1$

3）齿轮各部分名称和符号（图 1-10）

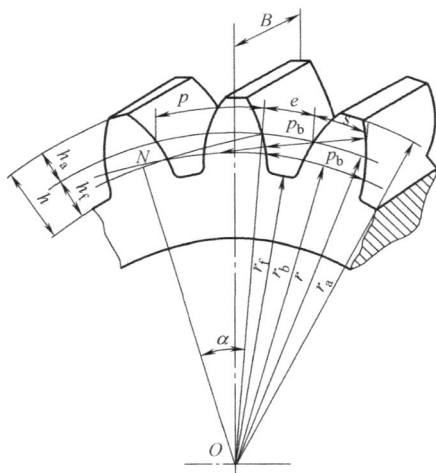

图 1-10　齿轮各部分名称和符号

① 齿槽：齿轮上相邻两齿轮之间的空间；

② 齿顶圆：通过轮齿顶端所作的圆称为齿顶圆，其直径用 d_a 表示，半径用 r_a 表示；

③ 齿根圆：通过齿槽底所作的圆称为齿根圆，其直径用 d_f 表示，半径用 r_f 表示；

④ 齿厚：一个齿的两侧端面齿廓之间的弧长称为齿厚，用 s 表示；

⑤ 齿槽宽：一个齿槽的两侧齿廓之间的弧长称为齿槽宽，压 e 表示；

⑥ 分度圆：齿轮上具有标准模数和标准压力角的圆称为分度圆，其直径用 d 表示，半径用 r 表示；对于标准齿轮，分度圆上的齿厚和槽宽相等地；

⑦ 齿距：相邻两齿上同侧齿廓之间的弧长称为齿距，用 p 表示，即 $p=s+e$；

⑧ 齿高：齿顶圆与齿根圆之间的径向距离称为齿高，用 h 表示；

⑨ 齿顶高：齿顶圆与分度圆之间的径向距离称为齿顶高，用 h_a 表示；

⑩ 齿根高：齿根圆与分度圆之间的径向距离称为齿根高，用 h_f 表示；

⑪ 齿宽：齿轮的有齿部位沿齿轮轴线方向量得的齿轮宽度，用 B 表示。

4）主要参数

① 齿数：在齿轮整个圆周上轮齿的总数称为齿数，用 z 表示。

② 模数：模数是齿轮几何尺寸计算中最基本的一个参数。齿距除以圆周率所得的商，称为模数，由于 π 为无理数，为了计算和制造上的方便，人为地把 p/π 规定为有理数，用 m 表示，模数单位为 mm，即：$m=p/\pi=d/z$

模数直接影响齿轮的大小，轮齿齿形和强度的大小。对于相同数的齿轮，模数越大，齿轮的几何尺寸越大，轮齿越大，因此承载能力也越大。

国家对模数值，规定了标准模数系列，见表 1-1

标准模数系列表 表 1-1

第一系列 (mm)	0.1	0.12	0.15	0.2	0.25	0.3	0.4	0.5	0.6	0.8	
	1	1.25	1.5	2	2.5	3	4	5	6	8	
	10	12	16	20	25	32	40	50			
第二系列 (mm)	0.35	0.7	0.9	1.75	2.25	2.75	3.25	3.5	3.75	4.5	5.5
	(6.5)	7	9	(11)	14	18	22	28	30	36	45

注：本表适用于渐开线圆柱齿轮，对斜齿轮是指法面模数，选用模数时，应优先采用第一系列，其次是第二系列，括号内的模数尽量不用。

③ 分度圆压力角：通常说的压力角指分度圆上的压力角，简称压力角，用 α 表示。国家标准中规定，分度圆上的压力角为标准值，$\alpha=20°$。

齿廓形状是由齿数、模数、压力角三个因素决定的。

5）直齿圆柱齿轮传动

① 啮合条件：两齿轮的模数和压力角分别相等。

② 中心距：一对标准直齿圆柱齿轮传动，由于分度圆上的齿厚与齿槽宽相等，所以两齿轮的分度圆相切，且作纯滚动，此时两分度圆与其相应的节圆重合，则标准中心距见式（1-4）：

$$a=r_1+r_2=m(z_1+z_2)/2 \tag{1-4}$$

式中：

a—标准中心距；

r_1、r_2—齿轮的半径；

m—齿轮的模数；

z_1、z_2—齿轮的齿数；

6）斜齿圆柱齿轮齿面的形式

① 斜齿圆柱齿轮传动的形式

斜齿圆柱齿轮是齿线为螺旋的圆柱齿轮。斜齿圆柱齿轮的齿面制成渐开螺旋面，渐开螺旋面的形成，是一平面（发生面）沿着一个固定的圆柱面（基圆柱面）作纯滚动时，此平面上的一条以恒定角度与基圆柱的轴线倾斜交

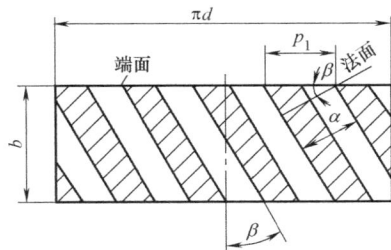

图 1-11 斜齿轮展开图

锴的直线在空间内的轨迹曲面，如图 1-11 所示。

当其恒定角度 $\beta=0$ 时，则为直齿圆柱渐开螺旋面齿轮（简称直齿圆柱齿轮）；当 $\beta\neq0$ 时，则为斜齿圆柱渐开螺旋面齿轮，简称斜齿圆柱齿轮。

② 斜齿圆柱齿轮传动的特点

斜齿圆柱齿轮传动和直齿圆柱齿轮传动一样，仅限于传递两平行轴之间的运动；齿轮承载能力强，传动平稳，可以得到更加紧凑的结构；但在运转时会产生轴向推力。

7）齿条传动

① 齿条传动的形式

齿条传动主要用于把齿轮的旋转运动变为齿条的直线往复运动。或把齿条的直线往复运动变为齿轮的旋转运动。

在两标准渐开线齿轮传动中，如图 1-12 所示，当其中一个齿轮的齿数无

图 1-12　齿条传动

限增加时，分度圆变为直线，称为基准线。此时齿顶圆、齿根圆和基圆也同时变为与基准线平行的直线，并分别叫齿顶线、齿根线。这时齿轮中心移到无穷远处。同时，基圆半径也增加到无穷大。这种齿数趋于无穷多的齿轮的一部分就是齿条。因此齿条是具有一系列等距离分布齿的平板或直杆。

② 齿条传动的特点

由于齿条的齿廓是直线，所以齿廓上各点的法线是平行的。在传动时齿条做直线运动。齿条上各点的速度的大小和方向都一致。齿廓上各点的齿形角都相等，其大小等于齿廓的倾斜角，即齿形角 $\alpha = 20°$。

由于齿条上各齿同侧的齿廓是平行的，所以不论在基准线上（中线上），齿顶线上，还是与基准线平行的其他直线上，齿距都相等，即 $p = \pi m$。

8）蜗杆传动

蜗杆传动是一种常用的齿轮传动形式，其特点是可以实现在传动比传动，广泛应用于机床、仪器、起重运输机械及建筑机械中。

如图 1-13 所示，蜗杆传动由蜗杆和蜗轮组成，传递两交错轴之间的运动和动力，一般以蜗杆为主动件，蜗轮为从动件。通常，工程中所用的蜗杆是阿基米德蜗杆，它的外形很像一根具有梯形螺纹的螺杆，其轴向截面类似于直线齿廓的齿条，蜗杆有左旋、右旋之分，一般为右旋。

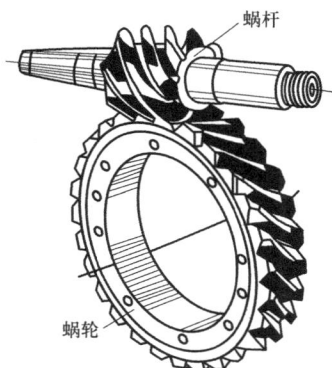

图 1-13　蜗杆蜗轮传动

蜗杆传动的主要特点是：

① 传动比大。蜗杆与蜗轮的运动相当于一对螺旋副的运动，其中蜗杆相当于螺杆，蜗轮相当于螺母。设蜗杆螺纹头数为 z_1，蜗轮齿数为 z_2。在啮合中，若蜗杆螺纹头数 $z_1=1$，则蜗杆回转一周蜗轮只转过一个齿，即转过 $1/z_2$ 转；若蜗杆头数 $z_1=2$，则蜗轮转过 $2/z_2$ 转，由此可得蜗杆与蜗轮的传动比

$$i=n_1/n_2=z_2/z_1 \tag{1-5}$$

蜗杆的头数 z_1 很少，仅为 $1\sim4$，而蜗轮齿数 z_2 却可以很多，所以能获得较大的传动比。单级蜗杆传动的传动比一般为 $8\sim60$，分度机构的传动比可以达 500 以上。

② 工作平稳、噪声小。

③ 具有自锁作用。当蜗杆的螺旋升角 λ 小于 6°时（一般为单头蜗杆），无论在蜗轮上加多大的力都不能使蜗杆转动，而只能由蜗杆带动蜗轮转动。这一性质对某些起重设备很有意义，可利用蜗轮蜗杆的自锁作用使重物吊起后不会自动落下。

④ 传动效率低。一般阿基米德单头蜗杆传动效率为 $0.7\sim0.9$。当传动比很大、蜗杆螺旋升角很小时，效率甚至在 0.5 以下。

⑤ 价格昂贵。蜗杆蜗轮啮合齿面存在相当大的相对滑动速

15

度，为了减小蜗杆蜗轮之间的摩擦、防止发生胶合，蜗轮一般需采用贵重的有色金属来制造，加工也比较复杂，这就提高了制造成本。

9）齿轮传动的失效形式

齿轮传动过程中，如果轮齿发生折断、齿面损坏等现象，则轮齿就失去了正常的工作能力，称为失效。失效的原因及避免措施见表 1-2。

齿轮失效的原因及避免措施　　　　　表 1-2

失效形式 比较项目	轮齿折断	齿面点蚀	齿面胶合	齿面磨损	齿面塑性变形
引起原因	短时意外的严重过载，超过弯曲疲劳极限	很小的面接触、循环变化就会使齿面表层产生细微的疲劳裂纹、微粒剥落而形成麻点	高速重载、啮合区温度升高引起润滑失效，齿面金属直接接触并相互粘连，较软的齿面被撕下而形成沟纹	接触表面间有较大的相对滑动，产生滑动摩擦	低速重载、齿面压力过大
部位	齿根部分	靠近节线的齿根表面	轮齿接触表面	轮齿接触表面	轮齿
避免措施	选择适当的模数和齿宽，采用合适的材料及热处理方法，降低表面粗糙度，降低齿根弯曲应力	提高齿面硬度	提高齿面硬度，降低表面粗糙度，采用黏度大和抗胶合性能好的润滑油	提高齿面硬度，降低表面粗糙度，改善润滑条件，加大模数，尽可能用闭式齿轮传动结构代替开式齿轮传动结构	减少载荷，减少启动频率

常见的轮齿失效形式有：轮齿折断、齿面点蚀、齿面胶合、齿面磨损、齿面塑性变形等。如图 1-14 所示。

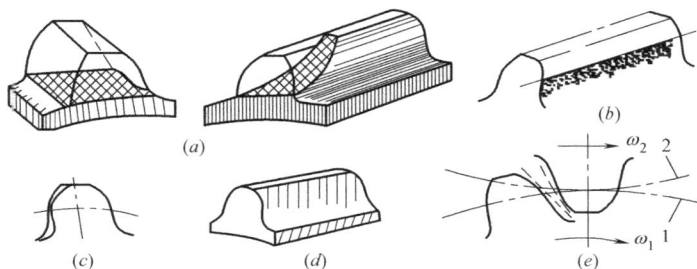

图 1-14 齿轮的失效形式

（a）轮齿折断；（b）齿面点蚀；（c）齿面胶合；（d）齿面磨损；（e）齿面塑性变形

1.2.3 常用零部件和机构

（1）轴

轴是组成机器最基本的和主要的零件，一切做旋转运动的传动零件，都必须安装在轴上才能实现旋转和传递动力。

常用轴的种类见图 1-15。

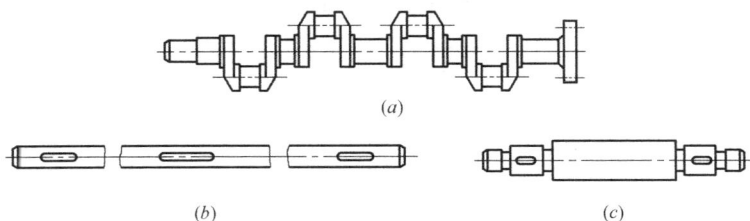

图 1-15 轴

（a）曲轴；（b）光轴；（c）阶梯轴

按照轴的轴线形状不同，可以把轴分为曲轴如图 1-15（a）和直线轴如图 1-15（b）、（c）两大类。曲轴可以将旋转运动改变为往复直线运动或者作相反的运动转换。直轴应用最为广泛，直轴按照其外形不同，可分为光轴如图 1-15（b）和阶梯轴如图 1-15（c）两种。

17

按照轴所受载荷不同，可将轴分为心轴、转轴和传动轴三类。

① 心轴：通常指只承受弯矩而不承受转矩的轴。如自行车前轴。

② 转轴：既受弯矩又受转矩的轴。转轴在各种机器中最为常见。

③ 传动轴：只受转矩不受弯矩或受很小弯矩的轴。车床上的光轴、连接汽车发动机输出轴和后桥的轴，均是传动轴。

轴的结构：

轴主要由轴颈、轴头、轴身和轴肩、轴环构成，如图 1-16 所示。

（2）轴上零件的固定

轴上零件的固定可分为周向固定和轴向固定。

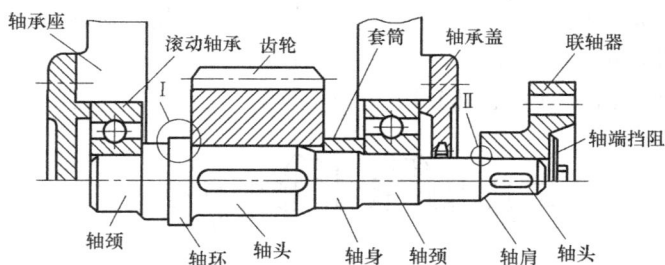

图 1-16　轴的结构

1）周向固定

不允许轴与零件发生相对转动的固定，称为周向固定。常用的固定方法有楔键连接、平键连接、花键连接和过盈配合连接等。

① 楔键连接

楔键如图 1-17（a）所示，沿键长一面制成 1∶100 斜度，在轴上平行于轴线开平底键槽，轮毂上制成 1∶100 斜度的键槽，装配时沿轴向将楔键打入键槽，依靠键的上下两面与键槽挤紧产生的摩擦力，将轴与轮毂连接在一起。键的两侧面与键槽之间留有间隙。

　　楔键连接方法简单，即使轴与轮毂之间有较大的间隙也能靠楔紧作用将轴与轮毂联成一体，但由于打入了楔键从而破坏了轴与轮毂的对中性，同时在有振动的场合下易松脱，所以楔键不适合用于高速、精密的机械，只适用于低速轴上零件的连接。为防止键的钩头外伸，应加防护罩，如图 1-17（b）所示，以免发生事故。

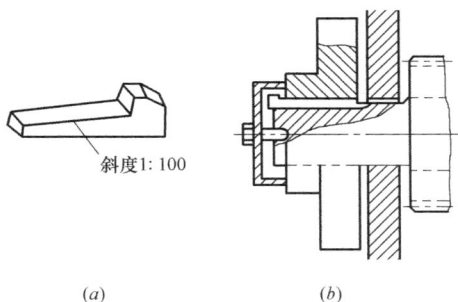

斜度1:100

（a）　　　　　　　　　（b）

图 1-17　楔键连接

　　② 平键连接

　　平键是一个截面为矩形的长六面体，键的两个侧面与键槽紧密配合，顶面与轮毂键槽间留有间隙，主要靠两侧面来传递扭矩，其连接方法见图 1-18（a）。平键制造简单、装拆方便，有较好的对中性，故应用普遍。当零件需沿轴向移动时，可用导向键（滑键）连接，如图 1-18（b）所示，导向键用螺钉固定在轴上，零件可以沿其两侧面顺轴向移动。

　　③ 花键连接

　　花键连接由花键轴与花键槽构成（图 1-19），常用于传递扭矩、要求有良好的导向性的和对中心性的场合。花键的齿形有矩形、三角形及渐开线形齿形三种，矩形键加工方便，应用较广。

　　④ 过盈配合连接

　　过盈配合连接的特点是轴的实际尺寸比孔的实际尺寸大，安

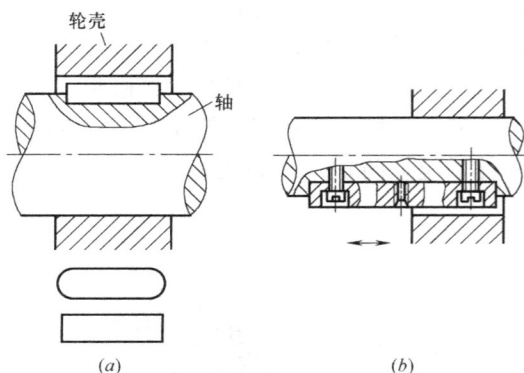

图 1-18 平键连接

(a) 平键;(b) 导向键

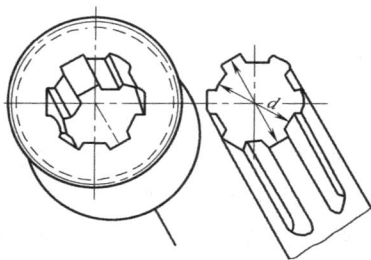

图 1-19 花键连接

装时利用打入、压入、热套等方法将轮毂装在轴上,通常用于有振动、冲击和不需要经常装拆的场合。

2) 轴向固定

不允许轴与零件发生相向移动的固定,称为轴向固定。常用的固定方法有轴肩、螺母、定位套筒和弹性挡圈等。

① 轴肩,用于单方向的轴向固定。

② 螺母,轴端或轴向力较大时可用螺母固定。为防止螺母松动,可采用双螺母或止退垫圈。

③ 定位套筒,一般用于两个零件间距离较小的场合。

④ 弹性挡圈(卡环),当轴向力较小时,可采用弹性挡圈进行轴向定位,具有结构简单、紧凑等特点。

（3）轴承

轴承是用于支承轴颈的部件，它能保证轴的旋转精度，减小转动时轴与支承间的摩擦和磨损。根据轴承摩擦性质的不同，轴承可分为滑动轴承和滚动轴承两类。

1）滑动轴承

滑动轴承一般由轴承座、轴承盖、轴瓦和润滑装置等组成，如图1-20所示。滑动轴承与轴之间的摩擦为滑动摩擦，其工作可靠、平稳且

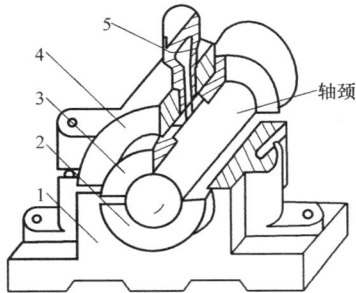

图1-20　滑动轴承
1—轴承座；2、3—轴瓦；4—轴承盖；
5—润滑装置

无噪声，润滑油具有吸振能力，故能受较大的冲击载荷，能用于高速运转，如能保持良好的润滑可以提高机器的传动效率。根据轴承的润滑状态，滑动轴承可分为非液体摩擦滑动轴承（动压轴承）和液体摩擦滑动轴承（静压轴承）两大类；按照所受载荷方向不同，可分为向心滑动轴承、推力滑动轴承和向心推力滑动轴承。

非液体摩擦滑动轴承是在轴颈和轴瓦表面，由于润滑油的吸附作用而成一层极薄的油膜，它使轴颈与轴瓦表面有一部分接触，另一部分被油膜隔开。一般常见的滑动轴承大都属于这一种。液体摩擦滑动轴承的油膜较厚，使接触面完全脱离接触，它的摩擦系数约为 0.001～0.008。这是一种比较理想的摩擦状态。由于这种轴承的摩擦状态要求较高，不易实现，因此只有在很重要的设备中才采用。

轴瓦是滑动轴承和轴承接触的部分，是滑动轴承的关键元件。一般用青铜、减磨合金等耐磨材料制成，滑动轴承工作时，轴瓦与轴承之间要求有一层很薄的油膜起润滑作用。如果润滑不良，轴瓦与转轴之间就存在直接的摩擦，摩擦会产生很高的温

度，虽然轴瓦是由特殊的耐高温合金材料制成的，但发生直接摩擦产生的高温仍然足以将其烧坏。轴瓦还可能由于负荷过大、温度过高、润滑油存在杂质或黏度异常等因素造成烧瓦。轴瓦分为整体式、剖分式和分块式三种，如图 1-21 所示。

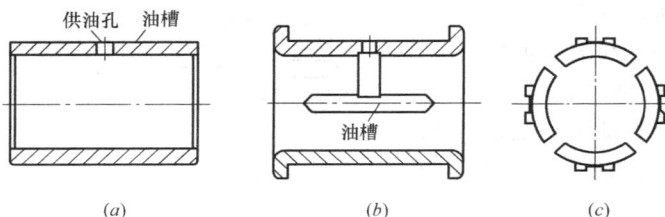

图 1-21　轴瓦的结构

(a) 整体式轴瓦；(b) 部分式轴瓦；(c) 分块式轴瓦

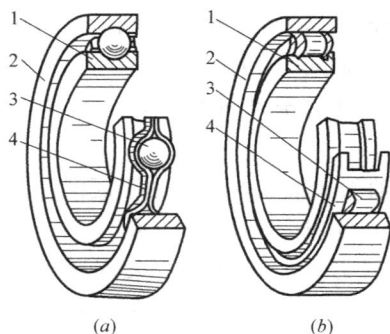

图 1-22　滚动轴承构造

(a) 滚珠轴承；(b) 滚柱轴承

1—内圈；2—外圈；3—滚动体；4—保持架

为了使润滑油能流到轴承整个工作表面上，轴瓦的内表面需开出油孔和油槽，油孔和油槽不能开在承受载荷的区域内，否则会降低油膜的承载能力。油槽的长度一般取轴瓦宽度的 80%。

2）滚动轴承

滚动轴承由内圈、外圈、滚动体和保持架组成，如图 1-22 所示。一般内圈装在轴颈上，与轴一起转动。外圈装在机器的轴承座孔内固定不动。内外圈上设置有滚道，当内外圈相对旋转时，滚动体沿着滚道滚动，按滚动体的形状不同，滚动轴承可分为滚珠轴承和滚柱轴承；若按轴承载荷的类型不同可分为向心轴承和推力轴承两大类。

滚动轴承有以下特点：

① 由于滚动摩擦代替滑动摩擦，摩擦阻力小、启动快，效率高；

② 对于同一尺寸的轴颈滚动轴承的宽度小，可使机器轴向尺寸小，结构紧凑；

③ 运转精度高，径向游隙比较小并可用预紧完全消除；

④ 冷却、润滑装置结构简单、维护保养方便；

⑤ 不需要用有色金属，对轴的材料和热处理要求不高；

⑥ 滚动轴承为标准化产品，统一设计、制造、大批量生产成本低；

⑦ 点、线接触，缓冲、吸振性能较差，承载能力低，寿命低，易点蚀。

安装滚动轴承时应当注意以下事项：

① 必须确保安装表面和安装环境的清洁，不得有铁屑、毛刺、灰尘等异物进入。

② 用清洁的汽油或煤油仔细清洗轴承表面，除去防锈油，再涂上干净优质润滑油脂方可安装，全封闭轴承不需清洗加油；

③ 选择合适的润滑剂、润滑剂不得混用；

④ 轴承充填润滑剂的数量以充满轴承内部的 $1/3 \sim 1/2$ 为宜，高速运转时应减少到 $1/3$；

⑤ 安装时切勿直接锤击轴承端面和非受力面，应以压块、套筒或其他安装工具使轴承均匀受力，切勿通过滚动体传动力安装。

（4）联轴器

用来连接不同机构中的两根轴（主动轴和从动轴）使之共同旋转以传递扭矩的机械零件。在高速重载的动力传动中，有些联轴器还有缓冲、减振和提高轴系动态性能的作用。联轴器由两部分组成，分别与主动轴和从动轴连接。一般动力机构大都借助于联轴器与工作机构相连接。常用的联轴器可分为刚性联轴器、弹性联轴器和安全联轴器三类。

1) 刚性联轴器

刚性联轴器是通过若干刚性零件将两轴连接在一起，可分为固定式和可移式两类。这类联轴器结构简单、成本较低，但对中性要求高，一般用于平稳载荷或只有轻微冲击的场合。

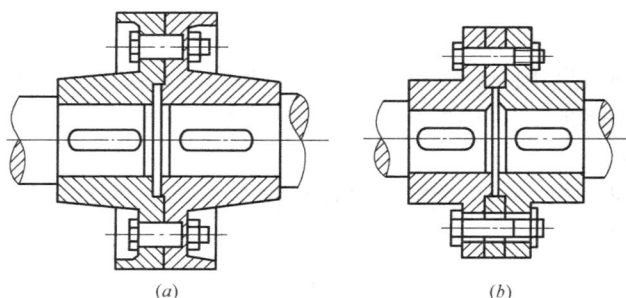

图 1-23 凸缘联轴器
(a) 凸槽配合；(b) 部分配合

如图 1-23 所示，凸缘式联轴器是一种常见的刚性固定式联轴器。凸缘联轴器由两个带凸缘的半联轴器用键分别和两轴联在一起，再用螺栓把两半联轴器联成一体。凸缘联轴器有两种对中方法：一种是用半联轴器结合端面上的凸台与凹槽相嵌合来对中，如图 1-23 (a) 所示；另一种是用部分环配合对中，如图 1-23 (b)所示。

如图 1-24 所示，滑块联轴器是一种常见的刚性移动式联轴器。它由两个带径向凹槽的半联轴器和一个两面具有相互垂直的凸榫的中间滑块所组成，滑块上的凸榫分别和两个半联轴器的凹槽相嵌合，构成移动副，故可补偿两轴间的偏移。为减少磨损、提高寿命和效率，在榫槽间需定期施加润滑剂。当转速较高时，由于中间滑块的偏心将会产生较大的离心惯性力，给轴和轴承带来附加载荷，所以只适用于低速、冲击小的场合。

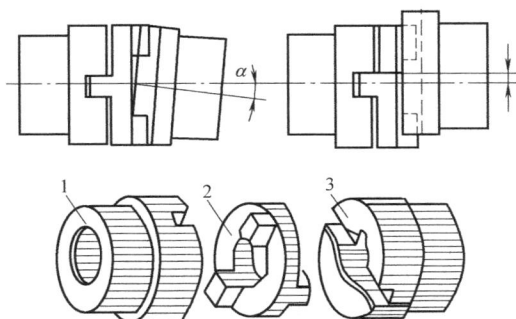

图 1-24 滑块联轴器

1、3—半联轴器；2—滑块

2）弹性联轴器

弹性联轴器种类繁多，它具有缓冲吸振，可补偿较大的轴向位移，微量的径向位移和角位移的特点，用在正反向变化多，启动频繁的高速轴上。如图 1-25所示，是一种常见的弹性联轴器，它由两个半联轴器、柱销和胶圈组成。

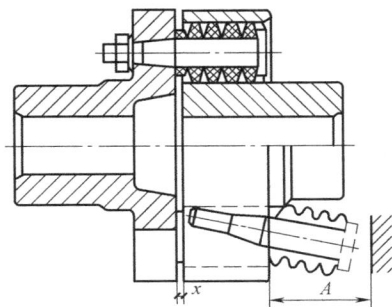

图 1-25 安全联轴器

3）安全联轴器

安全联轴器有一个只能承受限定载荷的保险环节，当实际载荷超过限定的载荷时，保险环节就发生变化，截断运动和动力的传递，从而保护机器其余部分不致损坏。

（5）离合器

根据生产工艺的要求，有时需要机器空载启动或在运转过程中换向和变速，这就需要有一个机构使两根轴随时接合或脱开，这种机构就是离合器。

离合器根据工作原理的不同，可分为啮合式、摩擦式、电磁式等多种形式。下面介绍常用的牙嵌啮合式离合器和摩擦式离合器。

1）牙嵌啮合式离合器

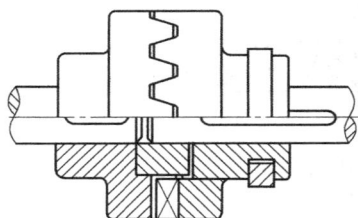

图 1-26　牙嵌啮合式离合器

如图 1-26 所示，为一牙嵌（爪型）式离合器。它由两个端面上有牙的套筒所组成，其中一个套筒和主动轴固联，另一个套筒与从动轴连接，通过操纵杆上的拨叉使其做轴向移动来完成接合和脱开动作。牙嵌啮合式离合器是靠牙齿的啮合来传递运动和动力的，常采用的牙型有矩形、梯形、锯齿形和三角形。

牙嵌式离合器的特点是：结构简单，尺寸紧凑，啮合齿间无相对滑动、传动准确，能传递较大的功率。由于只能在低速或静止状态接合，因此只适用于在低速运转又不需要在运转中离合的机器中使用。

2）摩擦式离合器

摩擦式离合器是靠工作表面间的摩擦力来传递扭矩的。它的最大特点是能在机器运转过程中离合，接合时没有振动和冲击，受力超过一定限度时会自动打滑，能起到安全保护作用。常用的有圆锥形和圆盘形摩擦片离合器。

如图 1-27 所示，圆锥离合器利用内锥面 2 和外锥面 1 紧密接合时工作面上的摩擦力来传递扭矩。如图 1-28 所示，为圆锥形离合器的另一种形式，内外锥面的接合或分离靠拧紧或松开螺母 3 来实现，松开时借助于弹簧 4 的弹力。

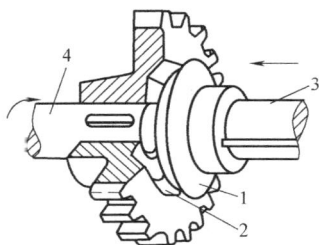

图 1-27　圆锥形离合器（一）
1—外圆锥；2—内圆锥；
3—从动轴；4—主动轴

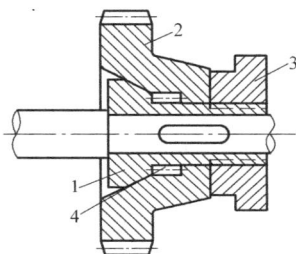

图 1-28　圆锥形离合器（二）
1—外圆锥；2—内圆锥；
3—螺母；4—弹簧

　　圆盘形摩擦片离合器是靠多片相互平行的摩擦片间的摩擦力来传递扭矩的。摩擦片的两面都起作用，从而增大摩擦面积。若要传递大的扭矩，只要增加摩擦片的数量即可。

　　如图 1-29 所示，是一种多片式摩擦离合器。摩擦片 4 的外圆与外套筒 2 为花键连接（可轴向移动），外套筒 2 与主轴 1 为固定键连接。当主轴 1 旋转时，通过外套筒 2 带动摩擦片 4 一起转动。由于摩擦片 4 的内孔是空套在内套筒 3 上的（内套筒 3 与从动轴 8 固联），当摩擦片 4 和 5 不接触时，摩擦片 4 的转动不会使从动轴 8 转动（即主轴空转）。

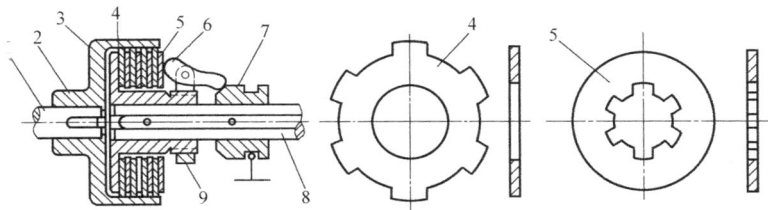

图 1-29　片式摩擦离合器（一）
1—主轴；2—外套筒；3—内套筒；4—外摩擦片；5—内摩擦片；
6—杠杆；7—滑环；8—被动轴；9—调节螺母

当滑环 7 由于操纵拨叉的作用而向左移动时，杠杆 6 右端向上抬起，左端向左推动摩擦片 5 与摩擦片 4 夹紧。由于摩擦力的作用，摩擦片 5 随着摩擦片 4 一起转动。又由于摩擦片 5 的内孔与内套筒 3 之间为花键连接，所以通过内套筒 3 使从动轴 8 也一起转动。当滑环向右移动时，摩擦片松开，主轴 1 又处于空转状态。摩擦片的压紧力可用螺母 9 调节。

如图 1-30 所示，是利用滚珠和弹簧来推动摩擦片的另一种片式摩擦离合器。当滑环 1 向左推时，滚珠 2 把套筒 1 压向摩擦片，使内外摩擦片压紧，主、从动轴接合。当滑环 1 向右移动时，套筒 4 在弹簧 3 的作用下退回，于是内外摩擦片分开，主、从动轴分离。摩擦片的压力可通过销 5 转动螺母 6 来调节。

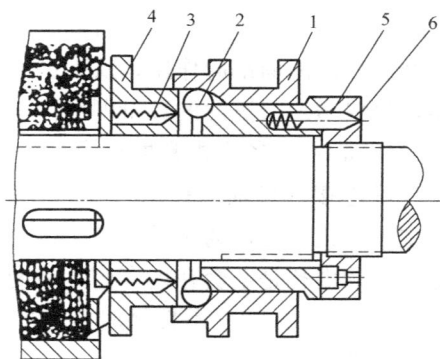

图 1-30　片式摩擦离合器（二）
1—滑环；2—滚珠；3—弹簧；4—套筒；5—销；6—螺母

片式摩擦离合器有湿式、干式两种。湿式离合器只能用在齿轮箱或类似的密闭机构中，润滑油既可作为摩擦片的润滑剂，又可散发摩擦片在接合时产生的热量。摩擦片的材料通常是淬硬的钢料。干式离合器多数装在带轮内，它的片数很少，直径很大。它有两个摩擦面，一面是石棉，另一面是钢。

片式摩擦离合器的特点是：结构紧凑，传动平稳，工作灵活，可以在任何转速下接合或分离。如果机器过载，摩擦片间将打滑，能起到安全保护作用。但它的结构复杂，传动时有滑动，因此要求准确传动比的设备不宜采用。这种离合器在机床、汽车、飞机和起重运输设备中应用很广。

3）胀轮式单向离合器

如图 1-31 所示，为电动软轴偏心式振动器中的胀轮式单向离合器的构造图。单向离合器大齿圈 3 和衬环 5 用螺钉联成一体，套在胀轮体 1 上，为防止其相对轴向移动，两侧用压盖轴向定位，压盖通过螺栓 7 与胀轮体连成一体，胀轮体与电动机转子轴 4 固结，在胀轮体上开有缺口槽，在缺口槽与衬环之间嵌有钢制滚柱 2，当胀轮体随同电动机转子轴顺时针方向旋转时，滚柱被摩擦力楔紧在槽内，从而使衬环连同大齿圈一同回转，离合器处于接合状态。当胀轮体反时针旋转时，滚柱则滚到槽的宽敞部分，此时大齿圈不再随胀轮体转动，离合器处于分离状态。

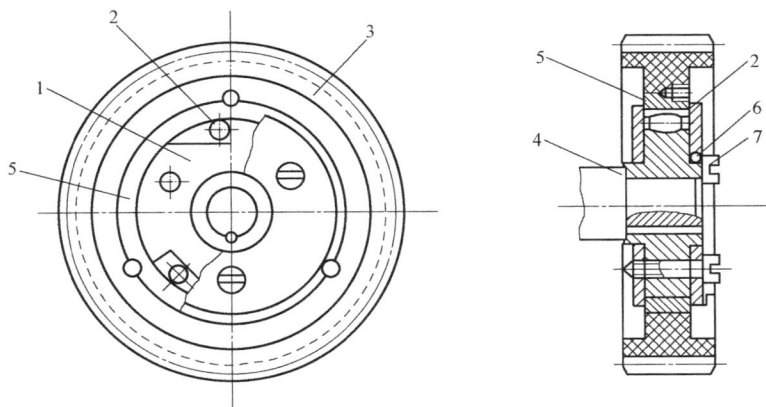

图 1-31　胀轮式单向离合器
1—胀轮体；2—滚珠；3—大齿圈；4—电动机转子轴
5—衬环；6—压盖；7—螺栓

单向离合器工作时无噪声，宜用于高速传动，但制造精度要求高，调整及维修复杂。

（6）制动器

制动器是用于降低机械速度或使机械停止的装置，有时也用作限速装置，例如卷扬机带动龙门架的钢丝绳提升重物，当到达要求高度后，操纵卷扬机的制动器使卷筒停止转动，重物便停在特定位置上。制动器的类型很多，最常用的是锥形制动器和电磁制动器。

1）锥形制动器

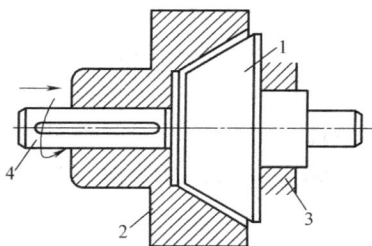

图 1-32　锥体制动器
1—外锥体制动轮；2—内锥毂体；
3—箱体；4—轴

如图 1-32 所示，锥形制动器由一个具有外锥体的制动轮 1 和一个具有内锥面的毂体 2 组成。制动轮 1 固定在机器箱体 3 上，毂体 2 安装在轴 4 上与轴一起转动，毂体 2 可沿轴 4 左右移动（毂体 2 与轴 4 用导向平键或花键连接），当毂体向右移动时，内外锥面贴紧，使毂体 2 和轴 4 停止转动；向左移时，内外锥面脱开，毂体 2 和轴 4 可自由转动。

锥形制动器所产生的制动力矩取决于摩擦锥面的大小，要想获得较大的制动力矩就要加大锥体尺寸。因此，这种制动器只适用于小功率机器的制动。

2）电磁制动器

如图 1-33 所示，为一种电磁制动器的构造示意图。当电磁铁不通电时。由于弹簧 1 的作用使制动臂 6 绕销轴 7 将制动轮抱紧，处于制动状态；当电磁铁通电时，磁力将牵引块 2 向下拉，通过杠杆 3 和 4 将推杆 5 推向右，制动臂绕销轴向右摆动，使直径 D 增大，即松开制动轮，机器处于工作状态。制动力的大小通过螺母调节弹簧1的弹力来控制。电磁制动器具有结构紧凑、制动力矩易于调节、有利于实现自动化等特点，因而应用广泛。电磁铁更换成液压装置即为液压制动器。

3）液压电磁铁块式制动器

如图1-34所示，液压电磁铁块式制动器的驱动力是由电磁铁的运动压迫液压油，由液压油推活塞推杆，活塞推杆驱动杠杆松闸，它具有启动平稳、制动平稳，工作无噪音，工作可靠，结构紧凑，维修方便等优点。缺点是合闸较慢，容易漏油。

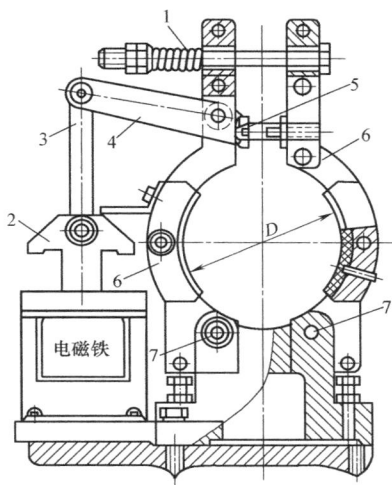

图 1-33　电磁制动器
1—弹簧；2—牵引块；3—杠杆；4—杠杆；
5—推杆；6—制动臂；7—销轴

图 1-34　液压电磁铁块式制动器

液压电磁铁上、下缸体内的液压油是通过通油孔道相互连通的，而电磁铁线圈是浸在液压油中的。单向阀片只能使液压油从上缸体通过油孔流入油腔，它可以补充电磁铁在吸合时由于油腔中的压力增加而漏出去的液压油。动铁芯下部的单向阀在一般情况下是关闭的，当动铁芯在电磁铁断电后向下运动到超过正常停止位置时，才被下缸体底部的顶针顶开，放去一部分油，使动铁芯停留在正常的停止位置上。

电磁铁线圈通电后，其动铁芯在电磁作用下向上运动，由于单向阀片和单向阀是关闭的，所以油液通过孔道推动活塞使推杆向上运动。

电磁铁断电后，推杆在主弹簧张力的作用下下降，迫使动铁芯下降。

液压电磁铁所用的液压油应十分清洁，不允许有任何杂质混入。

（7）曲柄连杆机构和棘轮机构

1）曲柄连杆机构

如果要把往复直线运动转化为回转运动，或把回转运动转化为往复直线运动，可以采用曲柄连杆机构来实现。

如图 1-35 所示，曲柄连杆机构由固定座 1、曲柄 2、连杆 3 和滑块 4 组成，曲柄可以绕中心 A 点做旋转运动，连杆的一端用销柱与曲柄相连接，另一端用销柱与滑块相连接。

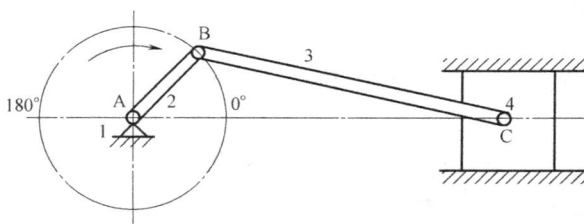

图 1-35　曲柄连杆机构
1—固定座；2—曲柄；3—连接；4—滑块

当曲柄为主动件顺时针方向旋转，在 0°～180°之间时滑块向左运动；在 180°～360°之间时滑块向右运动。曲柄连续转动，滑块 4 即作往复运动。如果滑块 4 为主动件，则机构将滑块的往复运动转化为曲柄的旋转运动。

连杆和曲柄成一条直线（即它们的夹角为 0°或 180°）时，若以滑块为主动件，则无法推动曲柄旋转，此时机构处于静止状态，这两个极限位置（0°和180°）称为机构的死点。为了避免这种现象，使曲柄按确定的方向旋转，可在曲柄上安装一个飞轮，利用它的惯性将曲柄从死点上引出来。

为了使曲柄连杆机构能够正常工作，曲柄的长度应小于连杆长度。曲柄连杆机构在机械中应用很广，例如蒸汽机、内燃机、活塞泵、活塞式空气压缩机、曲柄冲床上都有曲柄连杆机构。

2）棘轮机构

棘轮机构是机械中经常采用的间歇机构，它可使从动件作单向的间歇运动。如图1-36所示，棘轮机构由棘轮、棘爪、机架等组成。当曲柄摇杆机构中的摇杆 O_2B 向左摆动时，装在摇杆上的棘爪 I 插入棘轮 II 的齿间，使棘轮转动；而当摇杆向右摆动时，棘爪则在齿背上滑动，此时棘轮静止不动。这样，摇杆每左右摆动一次，棘爪就推动棘轮转动一定角度。为了防止棘轮逆转，在机架上装有止回棘爪 I′。

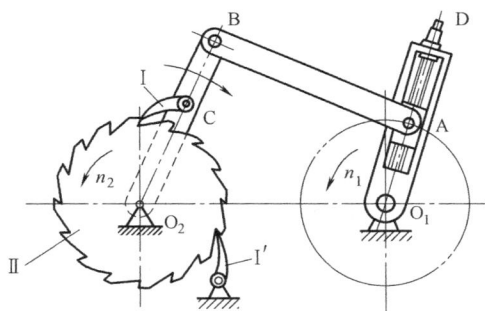

图 1-36　棘轮机构

根据工作要求的不同，棘轮机构可以做成不同的形式，下面介绍常见的几种形式：

① 双动作棘轮机构

棘爪往复运动带动棘轮向同一方向转动，如图1-37所示。

顺时针方向拨动棘轮，摆杆 A 端向右摆动时，棘爪 1 拨转棘轮；A 端向左摆动时，棘爪 2 拨转棘轮，如图 1-37（a）所示。图 1-37（b）所示为向逆时针方向拨动棘轮。

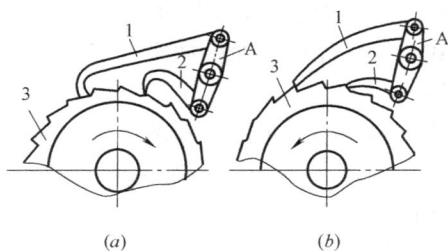

图 1-37　双动作棘轮

② 隐蔽式棘轮机构

如图 1-38 所示，棘轮外有一罩壳 A，使棘轮仅露出一部分的齿。转动罩壳 A，即可以按需来改变棘轮每次转动的齿数。隐蔽式棘轮机构传递力矩大，调节方便。

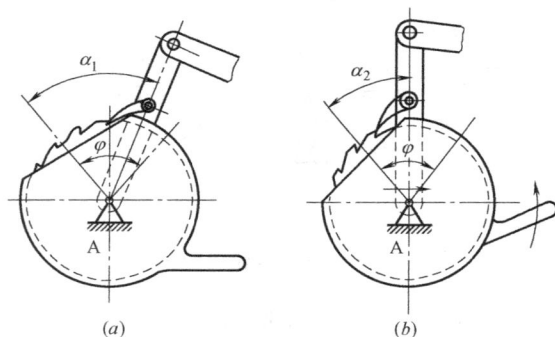

图 1-38　隐蔽式棘轮机构

③ 无声棘轮机构

棘爪利用摩擦力带动表面光滑无齿的"棘轮"逆时针转动，如图 1-39 所示。当棘爪 A 向回摆时，靠棘爪 B 利用摩擦力闸住"棘轮"，使其不能倒转。无声棘轮机构是靠摩擦力来传动的，因此传动的可靠性和准确性都不如啮合式。

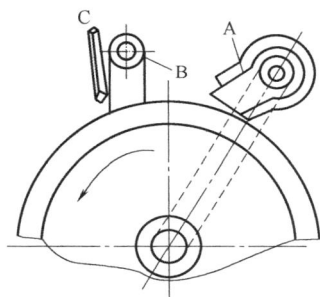

图 1-39　无声棘轮

1.3　液压传动知识

1.3.1　液压传动基本原理

液压系统利用液压泵将机械能转换为液压的压力能，再通过各种控制阀和管路的传递，借助于液压执行元件（缸和马达）把液体压力能转换为机械能，从而驱动工作机构，实现直线往复运动或回转运动。

塔式起重机液压顶升机构，是一个简单、完整的液压传动系统，其工作原理如图 1-40 所示。

推动油缸活塞杆伸出时，手动换向阀 6 处于上升位置（图示左位），液压泵 4 由电机带动旋转后，从油箱 1 中吸油，油液经滤油器 2 进入液压泵 4，由液压泵 4 转换成压力油从 P→A，进入高压胶管 7→节流阀 12→液控单向阀 m→油缸无杆腔，推动缸筒上升，同时打开液控单向阀 n，以便回油反向流动。回油：有杆腔→液控单向阀 n →高压胶管 12 →手动换向阀 B 口→T 口→油箱。

推动油缸活塞杆收缩时，手动换向阀 6 处于下降位置（图示右位），压力油从 P→B→高压胶管 13→液控单向阀 n →油缸有杆腔，同时压力油也打开液控单向阀 m，以便回油反向流动。回

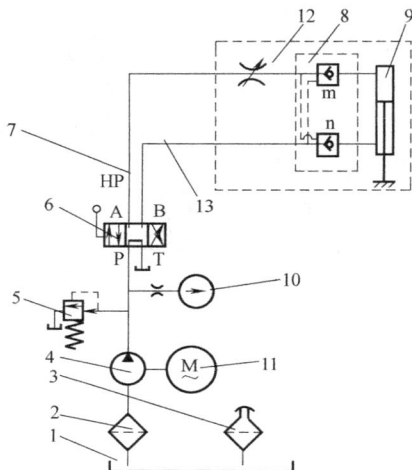

图 1-40　液压系统原理图

1—油箱；2—滤油器；3—空气滤清器；4—液压泵；5—溢流阀；6—手动换向阀；
7、13—高压胶管；8—双向液压锁；9—顶升油缸；
10—压力表；11—电机；12—节流阀

油：油控无杆腔→液压单向阀 m→高压胶管 7→手动换向阀 A
口→T 口→油箱。

卸荷：手动换向阀 6 处于中间位置。电机 11 启动，油泵 4
工作，油液经滤油器 2 进入油泵 4，再到换向阀 6 中间位置→T
回到油箱 1，此时系统处于卸荷状态。

1.3.2　液压传动系统组成

液压传动系统由动力装置、执行装置、控制装置、辅助装置
和工作介质等组成。

（1）动力装置。它供给液压系统压力，并将电动机输出的机
械能转换为油液的压力能，从而推动整个液压系统工作，最常见
的形式就是液压泵，它给液压系统提供压力。

（2）执行装置，把液压能转换成机械能的装置，以驱动工作

部件运动。

（3）控制装置，包括各种阀类，如压力阀、流量阀和方向阀等，用来控制液压系统的液体压力、流量（流速）和方向，以保证执行元件完成预期的工作运动。

（4）辅助装置，指各种管接头、油管、油箱、过滤器和压力计等，起连接、储油、过滤和测量油压等辅助作用，以保证液压系统可靠、稳定、持久地工作。

（5）工作介质，指在液压系统中，承受压力并传递压力的油液，一般为矿物油，统称为液压油。

1.3.3 液压系统主要元件

（1）液压泵

液压泵是液压系统的动力元件，其作用是将原动机的机械能转换成液体的压力能。液压泵的结构形式一般有齿轮泵、叶片泵和柱塞泵。其中，齿轮泵被广泛用于塔式起重机顶升机构。齿轮泵在结构上可分为外啮合齿轮泵和内啮合齿轮泵两种，常见的是外啮合齿轮泵。

如图1-41所示，为外啮合齿轮泵的最基本形式，是两个尺寸相同的齿轮在一个紧密配合的壳体内相互啮合旋转，这个壳体的内部类似"8"字形，齿轮的外径及两侧与壳体紧密配合，组成许多密封的工作腔。当齿轮按一定的方向旋转时，一侧吸油腔由于相互啮合的齿轮逐渐脱开，密封工作容积逐渐增大，形成部分真空，因此油箱中的油液在外界大气压的作用下，经吸油管进入吸油腔，将齿间槽充满，并随着齿轮旋转，把油液带到右侧的压油腔内。在压油区的一侧，由于齿轮在这里逐渐进入啮合，密封工作腔容积不断减小，油液便被挤出去，从压油腔输送到压油管路中去，这里的啮合点处的齿面接触线始终起着隔离高、低压腔的作用。

外啮合齿轮泵的优点是：结构简单，尺寸小，重量轻，制造方便，价格低廉，工作可靠，自吸能力强（容许的吸油真空度

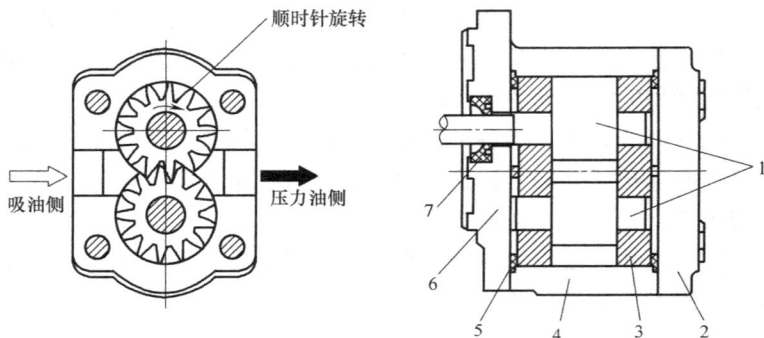

图 1-41　齿轮泵

1—工作齿轮；2—后端盖；3—轴承体；4—铝质泵体；

5—密封圈；6—前端盖；7—轴封衬；

大），对油液污染不敏感，维护容易；缺点是：一些机件承受不平衡径向力，磨损严重，内泄大，工作压力的提高受到限制。此外，它的流量脉动大，因而压力脉动和噪声都较大。

（2）液压缸

液压缸一般用于实现往复直线运动或摆动，将液压能转换为机械能，是液压系统中的执行元件。

1）液压缸的形式

液压缸按结构形式可分为活塞缸、柱塞缸和摆动缸三类。活塞缸和柱塞缸实现往复直线运动，输出推力或拉力；摆动缸则能实现小于 $360°$ 的往复摆动，可输出转矩。液压缸按油压作用形式又可分为单作用式和双作用式液压缸。单作用式液压缸只有一个外接油口输入压力油，液压作用力仅作单向驱动，而反行程只能在其他外力的作用下完成，如图 1-42（a）所示；而双作用式液压缸是分别由液压缸两端外接油口输入压力油，靠液压油的进出推动液压杆的运动，如 1-42（b）所示。

塔式起重机的液压顶升系统多使用单出杆双作用活塞式液压

缸，如图 1-42（c）所示。

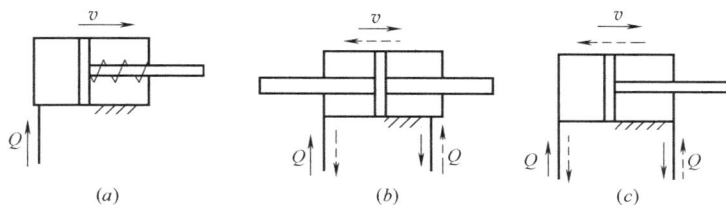

图 1-42　液压缸
（a）单作用式液压缸；（b）双作用式液压缸（双出杆）；
（c）双作用式液压缸（单出杆）

2）液压缸的密封

主要指活塞与缸体、活塞杆与端盖之间的动密封以及缸体与端盖之间的静密封。密封性能的好坏将直接影响其工作性能和工作效率。因此，要求液压缸在一定的工作压力下具有良好的密封性能，且密封性能应随工作压力的升高而自动增强。此外还要求密封元件结构简单、寿命长、摩擦力小等。常用的密封方法有间隙密封和密封圈的密封。

3）液压缸的缓冲

液压缸的缓冲结构是为了防止活塞到达行程终点时，由于惯性力作用与缸盖相撞。液压缸的缓冲是利用油液的节流（即增大终点回油阻力）作用实现的。如图 1-43 所示，为常用的缓冲结构，活塞上的凸台和缸盖上的凹槽在接近时，油液经凸台和凹槽间的缝隙流出，增大回油阻力，产生制动作用，从而实现缓冲。

4）液压缸的排气

液压缸中如果有残留空气，将引起活塞运动时的爬行和振动，产生噪声，发热，甚至使整个系统不能正常。因此应在液压缸上增加排气装置。常用的排气装置为排气塞结构，如图 1-44 所示，排气装置应安装在液压缸的最高处。工作之前先打开排气塞，让活塞空载作往返移动，直至将空气排除干净为止，然后拧

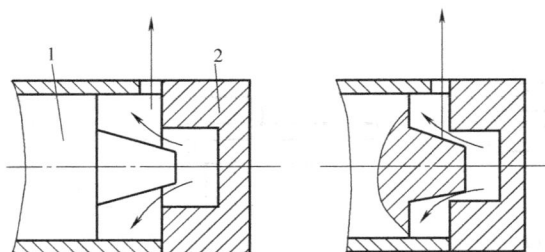

图 1-43　缓冲结构
1—活塞；2—缸盖

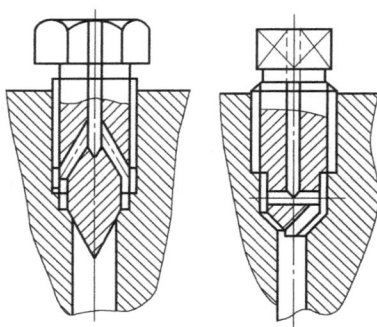

图 1-44　液压缸的排气塞

紧排气塞进行工作。

（3）双向液压锁

双向液压锁广泛应用于工程机械及各种液压装置的保压油路中，一般情况下多见于油缸的保压。

双向液压锁是一种防止过载和液力冲击的安全溢流阀，安装在液压缸上端部。液压锁主要为了防止油管破损等原因导致系统压力急速下降，锁定液压缸，防止事故发生。如图 1-45 所示，其工作原理如下：当进油口 B 进油时，液压油正向打开单向阀 1 从 D 口进入油缸，推动油缸上升，油缸的回油经双向锁 C 口进入锁内，从 A 口排出（此时滑阀已将左边单向阀 2 打开），当 B 口停止进油时，单向阀 1 关闭，油缸内高压油不能从 D 口倒流，油缸保压。

（4）溢流阀

溢流阀是一种液压压力控制阀，通过阀口的溢流，使被控制系统压力维持恒定，实现稳压，调压或限压作用。

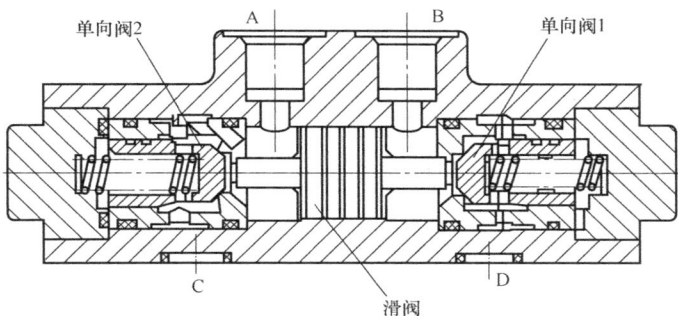

图 1-45 双向液压锁

1）定压溢流作用

在液压系统中，定量泵提供的是恒定流量。当系统压力增大时，会使流量需求减少。此时溢流阀开启，使多余流量溢回油箱，保证溢流阀进口压力，即泵出口压力恒定，液压系统中的溢流阀已调定，用户不用再调。

2）安全保护作用

系统正常工作时，阀门关闭。只有系统压力超过调定压力时开启溢流，进行过载保护，使系统压力不再增加。

溢流阀分直动式溢流阀和先导式溢流阀两种。直动式溢流阀，由阀体、阀芯、调压弹簧、弹簧座、调节螺母等组成，如图 1-46 所示。先导式溢流阀由主阀和先导阀两部分组成，如图 1-47 所示。

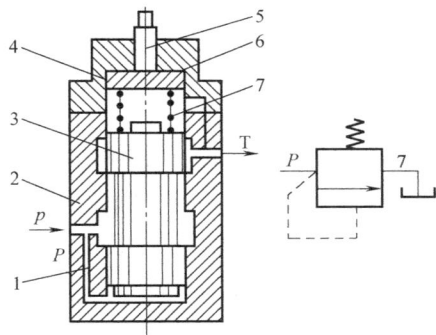

图 1-46　直动式溢流阀

1—阻尼孔；2—阀体；3—阀芯；4—弹簧座；
5—调节螺杆；6—阀盖；7—高压弹簧

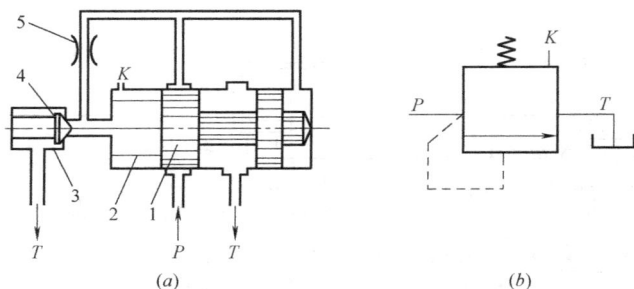

图 1-47　先导式溢流阀

1—主阀；2—主阀弹簧；3—先导阀；4—调压弹簧；5—阻尼孔

（5）减压阀

减压阀是一种利用液流流过缝隙产生压降的原理，使出口油压低于进口油压的压力控制阀，以满足执行机构的需要，减压阀有直动式和先导式两种，一般采用先导式，如图 1-48 所示。在液压系统中，减压阀应用于要求获得稳定低压的回路中，如夹紧油路或提供稳定的控制压力油。此外，减压阀还可用于限制工作机构的作用力，减少压力波动带来的影响，改善系统的控制性能。

（6）换向阀

换向阀是借助于阀芯与阀体之间的相对运动来改变油液流动方向的阀类。按阀芯相对于阀体的运动方式不同，换向阀可分为滑阀（阀芯移动）和转阀（阀芯转动）。按阀体连通的主要油路数不同，换向阀可分为二通、三通、四通等；按阀芯在阀体内的工作位置数不同，换向阀可分为二位、三位、四位等；按操作方式不同，换向阀可分为手动、机动、电磁动、液动、电液动等；按阀芯的定位方式不同，换向阀可分为钢球定位和弹簧复位两种。

三位四通阀，如图 1-49 所示，阀芯有三个工作位置左、中、右，阀体上有四个通路 O、A、B、P（P 为进油口，O 为回油口，A、B 为通往执行元件两端的油口）。当阀芯处于中位时

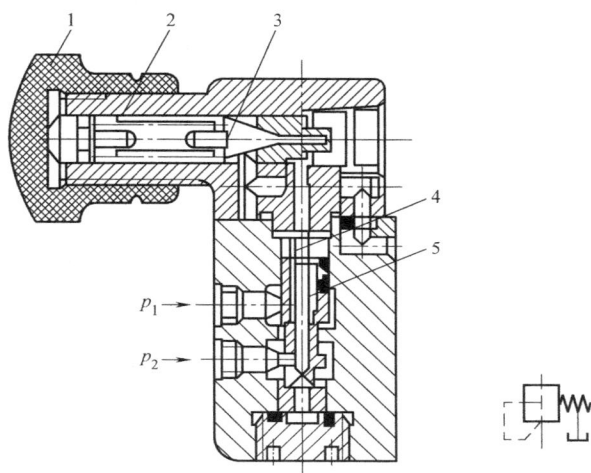

图 1-48　先导式减压阀的结构和图形符号

1—调节螺母；2—调压弹簧；3—锥阀；

4—主阀弹簧；5—阀芯

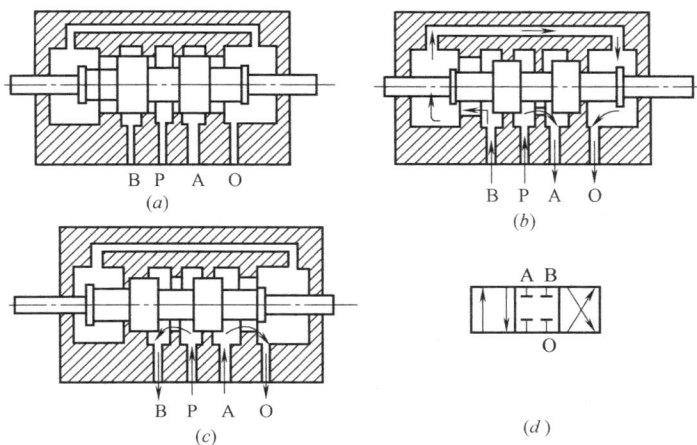

图 1-49　三位四通阀

（a）滑阀处于中位；（b）滑阀移动到右边；（c）滑阀移动到左边；（d）图形符号

[图1-49（a）]，各通道均堵住，油缸两腔既不能进油，又不能回油，此时活塞锁住不动。当阀芯处于右位时 [图1-49（b）]，压力油从P口流入，A口流出，回路从B口流入，O口流回油箱。当阀芯处于左位时 [图1-49（c）]，压力油从P口流入，B口流出，回油由A口流入，O口流回油箱。

（7）顺序阀

顺序阀是串联于回路上，用来控制液压系统中两个或两个以上工作机构的先后顺序，利用系统中的压力变化来控制油路通断。顺序阀分为直动式和先导式，又可分为内控式和外控式。应用较广的是直动式，如图1-50所示。

（8）流量控制阀

流量控制阀是通过改变液流的通流截面来控制系统工作流量，以改变执行元件运动速度的阀，简称流量阀。常用的流量阀有节流阀和调速阀等。图1-51所示为普通节流阀结构图。

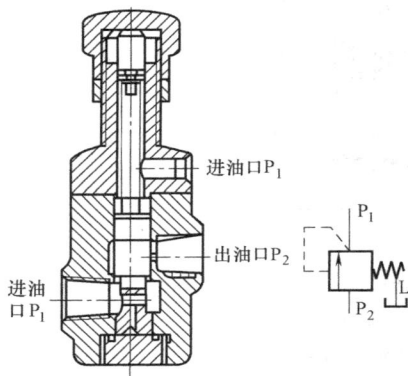

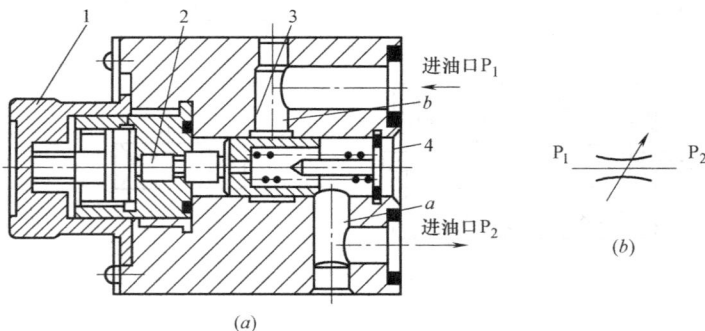

图1-50 直动式顺序阀

图1-51 普通节流阀
1—手柄；2—推杆；3—阀芯；4—弹簧

44

（9）液压辅件

1）油管

油管的作用是连接液压元件和输送液压油。在液压系统中常用的油管有钢管、铜管、塑料管、尼龙管和橡胶管，可根据具体用途进行选择。

2）管接头

管接头用于油管与油管、油管与液压件之间的连接。管接头按通路数可分为直通、直角、三通等形式，按接头连接方式可分为焊接式、卡套式、管端扩口式和扣压式等形式。按连接油管的材质可分为钢管管接头、金属软管管接头和胶管管接头等。我国已有管接头标准，使用时可根据具体情况，选择使用。

3）油箱

油箱主要功能是储油、散热及分离油液中的空气和杂质。油箱的结构如图 1-52 所示，形状根据主机总体布置而定。它通常用钢板焊接而成，吸油侧和回油侧之间有两个隔板 7 和 9，将两区分开，以改善散热并使杂质多沉淀在回油管一侧。吸油管 1 和回油 4 应尽量远离，但距箱边的距离应大于管径的 3 倍。加油用

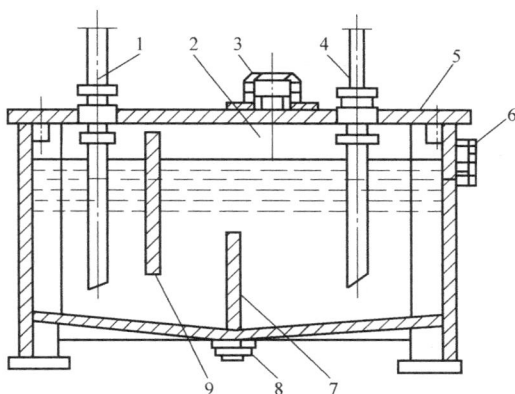

图 1-52　油箱结构示意图

1—吸油管；2—加油孔；3—通气罩；4—回油管；

5—油箱；6—油标；7—隔板；8—放油塞；9—隔板

滤网 2 设在回油管一侧的上部，兼起过滤空气的作用。盖上面装有通气罩 3。为便于放油，油箱底面有适当的斜度，并设有放油塞 8，油箱侧面设有油标 6，以观察油面高度。当需要彻底清洗油箱时，可将箱盖 5 卸开。

油箱容积主要根据散热要求来确定，同时还必须考虑机械在停止工作时系统油液在自重作用下能全部返回油箱。

4）滤油器

滤油器的作用是分离油中的杂质，使系统中的液压油经常保持清洁，以提高系统工作的可靠性和液压元件的寿命。液压系统中的所有故障的 80% 左右是因污染的油液引起的，因此液压系统所用的油液必须经过过滤，并在使用过程中要保持油液清洁。油液的过滤一般都先经过沉淀，然后经滤油器过滤。

滤油器按过滤情况可分为粗滤油器、普通滤油器、精滤油器和特精滤油器。按结构可分网式、线隙式、烧结式、纸芯式和磁性滤油器等形式。滤油器可以安装在液压泵的吸油口、出油口以及重要元件的前面。通常情况下，泵的吸油口装粗滤油器，泵的出油口和重要元件前装精滤油器。

1.4　物体的重量、重心和稳定性

1.4.1　物体重量计算

起重作业在起吊、搬运各种设备或重物时，首先应该知道被起吊、搬运的设备或重物的重量，根据设备或重物的重量和外形等情况选择合适的起重机械以及合理的施工方法。这样就需要进行有关数学和力学的计算。有关面积、体积、重量、单位换算、材料密度等的基本概念和简单的计算方法，是每个起重司索信号工都应该掌握的基本知识。

物体的重量是物体处于地球表面，地球引力对物体的作用力的合力，通常用 G 表示，单位为：千牛（kN）。物体的质量是物体所含物质的多少，是物体的基本属性，不随物体的形状、状态、空间位置和温度的改变而改变，通常用 m 表示，单位为千克（kg）。在地球引力作用下，重量和质量是近似等值的，一般在工程中按等值对待。而物体的质量与物体的体积和密度有关，重量与物体的体积和容量有关。为了正确地计算物体的重量，必须掌握物体体积的计算方法和各种材料的密度等有关知识。

（1）物体体积的计算

1）长度的量度，工程上常用的长度基本单位是毫米（mm）、厘米（cm）和米（m）。它们之间的换算关系是 1m＝100cm＝1000mm。

2）面积的计算，物体体积的大小与它本身截面积的大小成正比。各种规则几何图形的面积计算公式见表 1-3。

平面几何图形面积计算公式表　　　　表 1-3

名称	图形	面积计算公式
正方形		$S=a^2$
长方形		$S=ab$
平行四边形		$S=ah$
三角形		$S=\dfrac{1}{2}ah$
梯形		$S=\dfrac{1}{2}(a+b)h$

名称	图形	面积计算公式
圆形		$S=0.25\pi d^2$（或 $S=\pi R^2$） d—圆直径； R—圆半径
圆环形		$S=0.25\pi(D^2-d^2)=\pi(R^2-r^2)$ d、D—分别为内外圆环直径； r、R—分别为内、外圆环半径
扇形		$S=\dfrac{\pi R^2\alpha}{360}$ α—圆心角（°）

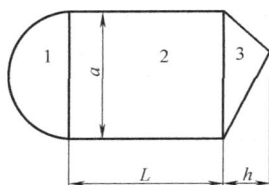

图 1-53　异形件面积计算

但在实际工作中，所碰到的设备或物体不一定是我们在上面所介绍的几种规则的形状，往往是一些不规则的几何图形。在遇到这种不规则形状的物体时，我们可以把它们分割成几种规则的图形，将分割成的规则图形分别计算出结果，然后把各个图形的面积相加，就得到总面积，如图 1-53 所示，是一个物体的外形情况，虽然它的外形看上去不规则，但实际上它是由 3 个形状规则的图形所组成的，半圆形 1、长方形 2 及三角形 3，因此在计算面积的时候，只要分别将这 3 个图形的面积算出来后相加即可。

3）物体体积的计算

物体的体积大体可分为两类：即具有标准几何形体的和由若干规则几何形体组成的复杂形体两种。简单规则的几何形体的体积计算公式，见表 1-4。对于复杂的物体的体积，可将其分解成数个规则的或近似的几何体，求其体积总和。

各种几何形体体积计算公式表　　　表 1-4

名称	图形	公　式
立方体		$V=a^3$
长方体		$V=abc$
圆柱体		$V=\dfrac{1}{4}\pi d^2 h=\pi dR^2 h$ R—半径
空心圆柱体		$V=\pi(D^2-d^2)h=\pi(R^2-r^2)h$
斜截正圆柱体		$V=\dfrac{\pi}{4}d^2\dfrac{(h_1+h)}{2}=\pi R^2\dfrac{(h_1+h)}{2}$ R—半径
球体		$V=\dfrac{4}{3}\pi R^3=\dfrac{1}{6}\pi d^3$ R—半径 d—直径

名称	图形	公 式
圆锥体		$V=\dfrac{1}{12}\pi d^2 h=\dfrac{\pi}{3}R^2 h$ R—底圆半径; d—底圆直径
任意三棱体		$V=\dfrac{1}{2}bhl$ b—边长; h—高; l—三棱体长
截头方锥体		$V=\dfrac{h}{6}\times[(2a+a_1)b+(2a_1+a)b_1]$ a、a_1—上下边长; b、b_1—上下边宽; h—高
正六角棱柱体		$V=\dfrac{3\sqrt{3}}{2}b^2 h$ $V=2.598b^2 h=2.6b^2 h$ b—底边长

（2）物体重量的计算

计算物体质量时，离不开物体材料的密度。所谓密度是指由一种物质组成的物体的单位体积内所具有的质量，用 ρ 表示，其单位是千克/米³（kg/m^3）。各种常用物体的密度见表1-5。

50

各种常用物体的密度 表 1-5

物体材料	密度（×10³kg/m³）	物体材料	密度（×10³kg/m³）
水	1.0	混凝土	2.4
钢	7.85	碎石	1.6
铸铁	7.2～7.5	水泥	0.9～1.6
铸铜、镍	8.6～8.9	砖	1.4～2.0
铝	2.7	煤	0.6～0.8
铅	11.34	焦炭	0.35～0.53
铁矿	1.5～2.5	石灰石	1.2～1.5
木料	0.5～0.7	造型砂	0.8～1.3

物体的质量可根据下式计算

物体的质量＝物体的密度×物体的体积，其表达式是：

$$m = \rho V \qquad (1-6)$$

式中：

m—物体的质量（kg）;

ρ—物体的材料密度（10^3kg/m³）;

V—物体的体积（m³）

（3）物体重量（力）的计算

物体所受的重力是由于地球的吸引而产生的力。重力的方向总是竖直向下，大小与质量有关，用下式计算：

$$G = mg \qquad (1-7)$$

式中：

g——质量为 1kg 的物体所受到的重力，大小为 10N。

【例 1-2】 起重机的料斗如图 1-54 所示，它的上口长为 1.2m，宽为 1m，下底面长 0.8m，宽为 0.5m，高为 1.5m，试计算满斗

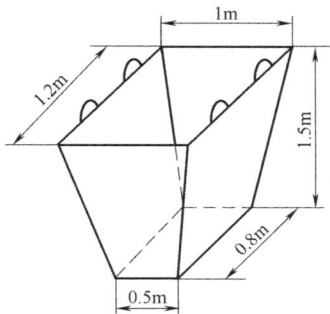

图 1-54 起重机的料斗

51

混凝土的重量。

【解】 查表 1-5 得知，

混凝土的密度为

$$\rho = 2.4 \times 10^3 \, kg/m^3$$

料斗的体积：

$$V = h/6 \left[(2a + a_1)b + (2a_1 + a)b_1 \right]$$
$$= 1.5/6 \left[(2 \times 1.2 + 0.8) \times 1 + (2 \times 0.8 + 1.2) \times 0.5 \right]$$
$$= 1.15 (m^3)$$

混凝土的质量：

$$m = \rho V = 2.4 \times 10^3 \times 1.15 = 2.76 \times 10^3 \, kg$$

混凝土的重量：

$$G = mg = 2.76 \times 10^3 \times 10 = 27.6 \, kN$$

（4）物体质量估算法

起重作业中的物体，在没有详细资料的情况下，一般是采用估算的方法来计算它的质量。估算质量，从安全的角度来考虑，一般都要估得比实际质量略重。下面是几个基本形状物体的质量估算法：

1）钢板质量的估算

钢板质量＝7.8×长×宽×厚

质量单位为公斤（kg），长、宽单位为米（m），厚单位为毫米（mm）。

2）钢管质量估算

钢管质量＝2.46×钢管壁厚×（钢管外径－钢管壁厚）×长度

质量单位为公斤（kg），壁厚、外径单位为厘米（cm），长度单位为米（m）。

3）圆钢质量的估算

圆钢质量＝0.6123×（直径）²×长度

质量单位为公斤（kg），直径单位为厘米（cm），长度单位为米（m）。

4）等边角钢质量的估算

等边角钢质量＝1.5×角钢边长×角钢厚度×长度

质量单位为公斤（kg）角钢边长、角钢厚度单位为厘米（cm），长度单位为米（m）。

1.4.2 物体的重心

地球引力对物体的作用力的合力作用点就是物体的重心。即物体的重心是物体各部分重量的中心。一个物体不论放在什么地方，不论放置方位如何，它的重心在物体内部的位置是不变化的。

对起重司索信号工来讲，确定吊物的重心十分重要，因为它与吊点和吊物的稳定性都有密切的关系。在起重作业中，物体的吊装、翻身、钢丝绳受力的分配、吊点的选择等都要考虑物体的重心。错误地选择重心位置会造成钢丝绳受力不均，甚至使设备在吊装过程中有发生倾覆的危险。

（1）规则形状物体

物体的重心坐标公式可由合力矩定理推得如下

$$X_c = \frac{\sum \Delta G_i X_i}{G}, \ Y_c = \frac{\sum \Delta G_i Y_i}{G}, \ Z_c = \frac{\sum \Delta G_i Z_i}{G} \qquad (1\text{-}8)$$

式中：

    G——整个物体的重力；

    ΔG_i——物体某一部分重力，

X_c、Y_c、Z_c——分别为物体重心在 X、Y、Z 轴上的坐标位置；

X_i、Y_i、Z_i——分别为第 i 部分重心在 X、Y、Z 轴上的坐标位置。

如果物体是均质的（如起重吊装作业中，大多数构件均为同一物质），以 V 表示整个物体的体积，以 ΔV_i 表示第 i 部分的体积，则有：

$$x_c = \frac{\sum \Delta V_i X_i}{V}, \quad y_c = \frac{\sum \Delta V_i Y_i}{V}, \quad Z_c = \frac{\sum \Delta V_i Z_i}{V} \quad (1\text{-}9)$$

式中：

　　　　V—整个物体的体积；

　　　　ΔV_i—物体第 i 部分体积；

　　X_c、Y_c、Z_c—分别为物体重心在 X、Y、Z 轴上的坐标位置；

　　X_i、Y_i、Z_i—分别为第 i 部分重心在 X、Y、Z 轴上的坐标
　　　　　　位置。

　　由以上公式可知，均质物体的重心位置与物体的重量无关，故匀质物体的重心又称形心，形心就是物体的几何形状的中心，例如，球体的形心就是球心。

　　假设物体为匀质等厚薄平板，则以 A 表示薄板的面积，以 ΔA_i 表示第 i 部分的面积，可得薄板的重心位置为：

$$X_c = \frac{\sum \Delta A_i X_i}{A}, \quad Y_c = \frac{\sum \Delta A_i Y_i}{A} \quad (1\text{-}10)$$

式中：

　　　　A—整个物体的面积；

　　　　ΔA_i—物体第 i 部分面积；

　　X_c、Y_c、Z_c—分别为物体重心在 X、Y、Z 轴上的坐标位置；

　　X_i、Y_i、Z_i—分别为第 i 部分重心在 X、Y、Z 轴上的坐标
　　　　　　位置。

　　由此可知，材质均匀、形状规则的物体的重心位置较易确定，如长方体物体的重心在对角线的交点上，圆棒的重心在其中间截面的圆心上，三角形有重心位置在三角形三条中线的交点上。简单图形的物体重心位置见表 1-6。如果物体是由几个基本规则的形体所组成，可分别求出每个规则形体的重心，然后由重心坐标公式求出物体重心。

简单图形的物体重心位置　　　　　　　　　表 1-6

名称	图形	重心位置
任意三角形		$y_c=\dfrac{h}{3}$
任意梯形		$y_c=\dfrac{h(a+2b)}{3(a+b)}$
扇形		$y_c=\dfrac{z \cdot r \cdot \sin\alpha}{3a}$
弓形		$y_c=\dfrac{2r^3 \cdot \sin3\alpha}{3A}$
部分圆环		$y_c=\dfrac{2(R^3-r^3) \cdot \sin\alpha}{3(R^2-r^2) \cdot \alpha}$ $A=\dfrac{r^2(2\alpha-\sin2\alpha)}{\alpha}$
半圆		$y_c=\dfrac{4r}{3\pi}$

名称	图形	重心位置
圆锥体		$z_c = \dfrac{h}{4}$
半球体		$z_c = \dfrac{3r}{8}$

【例 1-3】 某薄钢板形状如图 1-55 所示，试求其重心位置

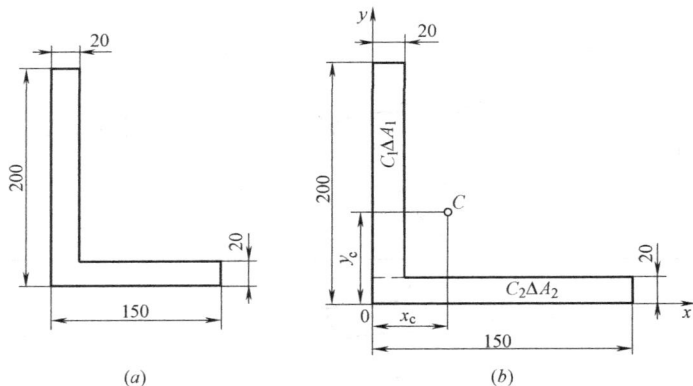

图 1-55　薄形板

（a）薄形板；（b）重心位置

【解】　$\Delta A_1 = (200-20) \times 20 = 3600 \text{mm}^2$

$\Delta A_2 = 150 \times 20 = 3000 \text{mm}^2$

$x_1 = 10 \text{mm}$

$y_1 = 20 + (200-20)/2 = 110 \text{mm}$

$x_2 = 75 \text{mm}, \quad y_2 = 10 \text{mm}$

根据公式：

$$X_c = \frac{\sum \Delta A_i X_i}{A}$$

$$Y_c = \frac{\sum \Delta A_i Y_i}{A}$$

将数值代入以上公式得：

$$X_c = \frac{\sum \Delta A_i X_i}{A} = \frac{\Delta A_1 x_1 + \Delta A_2 x_2}{\Delta A_1 + \Delta A_2} = \frac{3600 \times 10 + 3000 \times 75}{3600 + 3000} = 39.5\text{mm}$$

$$Y_c = \frac{\sum \Delta A_i Y_i}{A} = \frac{\Delta A_1 y_1 + \Delta A_2 y_2}{\Delta A_1 + \Delta A_2} = \frac{3600 \times 110 + 3000 \times 10}{3600 + 3000} = 64.5\text{mm}$$

（2）复杂形状物体的重心确定

如果物体的形状复杂或分布不均匀，则其重心位置利用重心坐标公式计算较复杂，一般常用实验方法来确定，确定物体重心位置的方法有悬挂法和称重法。

1）悬挂法

求如图 1-56 所示形状复杂的薄板的重心时，可先将板悬挂于任一点 A，如图 1-56（a）所示。根据二力平衡条件，重心必在过悬挂点的铅垂线上，于是可在板上画出此线。然后将板悬挂于另一点 B，如图 1-56（b）所示。同样可画出通过重心的另一铅垂线，两线交点 C 即为重心位置。

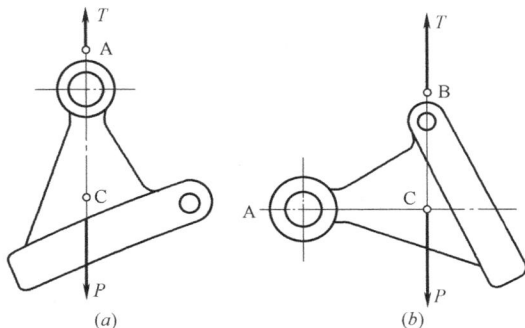

图 1-56　悬挂法求物体重心

（a）悬挂 A 点；（b）悬挂 B

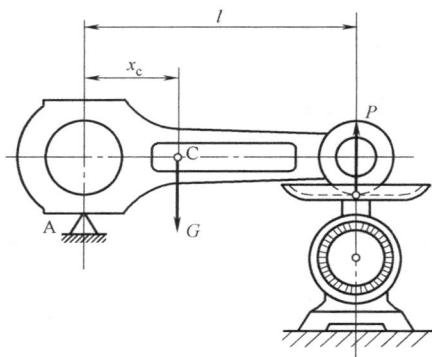

图 1-57　称重法求物体的重心

2）称重法

此法是用磅秤称出物体的重量 G，然后将物体的一端支于固定的支点 A，另一端支于磅秤上，如图 1-57 所示。量出两支点的水平距离 l 并读出磅秤上的读数 P，力 G 和 P 对 A 点的力矩的代数和应等于 0。因此，物体重心 C 至支点 A 的水平距离为：

$$x_c = \frac{p_1}{G} \tag{1-11}$$

1.4.3　物体的稳定性

（1）物体的几种运动状态

一般物体的运动有四种基本状态，即：稳定状态、稳定平衡状态、不稳定状态和倾覆状态，如图 1-58 所示。

1）稳定状态：重力 G 与支反力 R，大小相等，方向相反，作用线相同，通过物体支承的中点，如图 1-58（a）所示。

2）稳定平衡状态：在外力 F 作用下，物体位置发生变化，支反力 R 发生位移，F 力产生的倾翻力矩与重力 G 产生的抗倾翻力矩相平衡，如图 1-58（b）所示。

3）不稳定状态：此时重力作用线和支反力作用线通过支承面最边缘点，且大小相等，方向相反（这是理论上的平衡状态）。实际上，这种状态不可能长时间存在，只要略有振动，物体就会向左或向右倾倒，又称为临界状态，如图 1-58（c）所示。

4）倾覆状态：如果物体继续向右倾斜，此时物体重力 G 的作用线已超出物体的支承面，将产生一个由小到大的倾翻力矩

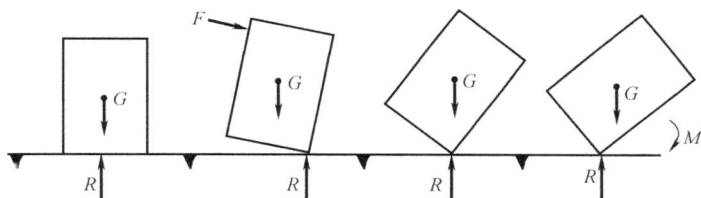

图 1-58　物体运动的四种状态

(a) 稳定；(b) 稳定平衡；(c) 不稳定；(d) 倾覆

M，物体失去平衡，处于倾覆状态，如图 1-58（d）所示。

（2）物体的稳定条件

将一块砖以立、侧、平三种方式置于地面上。平放的砖位置最稳，因为砖平放时重心位置最低而支承面最大。侧放的次之。立放的最不稳定，因为立放时重心位置最高而支承面最小。因此，物体处于稳定的基本条件是：重心位置低，支承面大。

由此可知，物体的重心越低，支承面越大，物体所处状态越稳定；物体重心位置越高，支承面越小，物体所处状态越不稳定。

对于起重司索作业来说，保证物体的稳定条件可以从两个方面考虑：一是放置物体时应保证有可靠的稳定性，不倾倒，如图 1-59（a）所示；二是吊运过程中，亦应有可靠的稳定性，保证正常吊运中不倾斜或翻转，如图 1-59（b）所示。

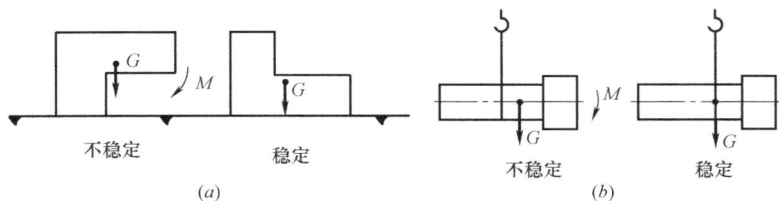

图 1-59　物体的稳定性

(a) 放置物体的稳定性；(b) 吊运物体的稳定性

放置物体时，物体的重心作用线接近或超过物体支承面边缘时（倾翻临界线），物体是不稳定的；吊运物体时，为保证吊运过程中物体的稳定性，防止提升过程中发生倾斜、摆动或翻转。应使吊钩与被吊物重心在同一铅垂线上。

例如：流动式起重机工作时应有足够的稳定性。起重机的稳定性简单地说就是起重机的自重载荷 G' 对倾覆边 R 的稳定力矩（G'_a）要大于起吊载荷 G 对倾覆边 R 的倾覆力矩（G_b），此条件可保证起重机不发生倾翻事故。图 1-60 为起重机稳定性简化示意图。

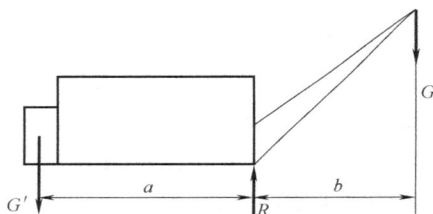

图 1-60　起重机稳定性简化示意图

1.5　使用塔机受力分析

司索工在使用塔机时，掌握塔机吊起物体的动载荷理论；塔机超载危害原理；吊物捆绑钢丝绳受力安全与稳定性之间关系，可用理论指导操作，避免超载使用塔机和捆绑钢丝绳，确保工地塔机安全使用。

1.5.1　塔机吊物产生动载荷影响

牛顿第二定律，物体的加速度跟所受的外力的合力成正比，跟物体的质量成反比，加速度的方向跟合外力的方向相同，表达式 $F_合 = ma$。每个物体重量 $G = mg$，其重力加速度 $g = 9.807$ 牛（N）≈10 牛（N）（常量），m 为物体质量。

塔机吊起物体，物体从静止到向上运动是加速运动过程，加速度为 a 时，瞬间产生超过物体重量（mg）的拉力（ma），超过物体重量的拉力称为动载荷见如图 1-61 物体由静止加速上升瞬间受力图。超重物体向上的加速度 a（向上加速运动忽略空气阻力）该物体处于超重，处于超重的物体对悬挂物（塔机吊钩、钢丝绳）的拉力 F_S 大于物体的重力（mg），即 $F_S = mg + ma$；

物体有向下的加度 a（向下加速运动忽略空气阻力）称物体处于失重，处于失重的物体对悬挂物的拉力 F_X 小于物体的重力 mg，即 $F_X = mg - ma$。物体向上吊起比向下运动，对钢丝绳拉力要大。静止物体运动达到某一速度 V_d，$V_d = at$ 即 $a = \dfrac{V_d}{t}$，从公式可以得出结论，提升速度 V_d 越小，物体从静止到速度 V_d 的时间 t 越

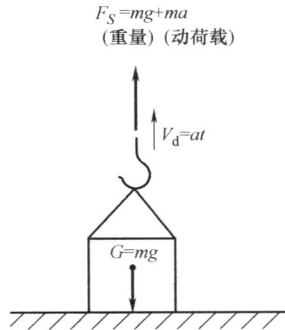

图 1-61　物料由静止加速
上升瞬时受力图

长，加速度 a 越小，动载荷拉力（ma）就越小。从使用安全角度考虑，一般捆绑钢丝绳允许拉力不得小于物体重量的 1.8～2 倍（动载荷系数）。

1.5.2　塔机超载危害

塔式起重机是房屋和市政建设中的关键设备，随着国民经济建设的快速发展，塔式起重机在国内的使用量不断提高，同时塔式起重机使用的频繁程度和载荷强度也不断加重，甚至存在超额定载荷、超强度使用的情况。塔机重要结构件产生裂纹、杆件变形、销轴孔拉长变形这类严重隐患屡见不鲜。由这些隐患导致的倒塔、折臂等重大安全事故也时有发生。所以司索工在捆绑重物时，一定要清楚重物重量，遵守塔机额定载荷原则，不得随意拆

除塔机各种安全保护装置，超额定载荷吊重物。

1.5.3　吊物捆绑钢丝绳受力分析

掌握吊装重物钢丝绳捆绑角度 α 与钢丝绳受力关系，确保吊装过程平稳，安全吊装，需要对捆绑钢丝绳进行受力 $F_{绳}$ 分析（见图 1-62），以吊钩右侧钢丝绳为分析对象，吊物重量 G，见右侧受力分析图。

得出下式：

$$F_{右绳} = \frac{G}{2\sin\alpha} \tag{1-12}$$

角度 30°、45°带入上式：

$$F_{右绳} = \frac{G}{2\sin\alpha} = \frac{G}{2\sin 30} = G \qquad F_{右绳} = \frac{G}{2\sin\alpha} = \frac{G}{2\sin 45} \approx 0.71G$$

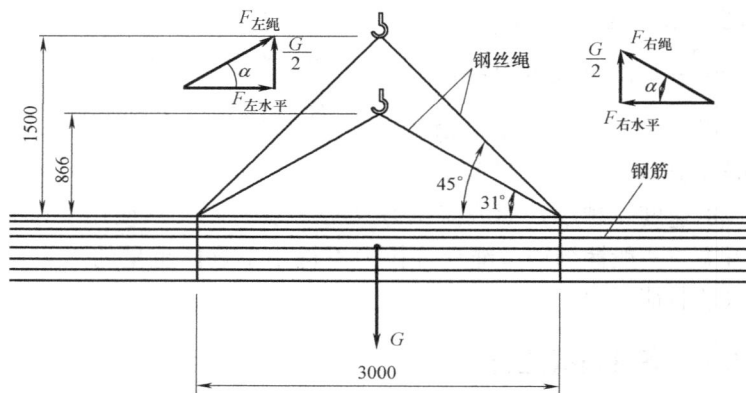

图 1-62　钢丝绳捆绑受力分析图

左右钢丝绳各产生物体一半向上的重量。从以上计算结果可以得出，钢丝绳捆绑与物体之间夹角越大，钢丝绳受力 $F_{绳}$ 越小。45°时在一侧钢丝绳上约 0.71G 拉力，30°时在一侧钢丝绳上约 G 拉力。虽然夹角越大，一侧钢丝绳受力越小，但是吊钩与吊物之间垂直距离越来越大，吊钩吊起重物时容易晃动，不利于吊起的重物运动定位。夹角越小，一侧钢丝绳受力越大，容易拉断钢丝绳。综合以上两方面原因，司索工捆绑重物起吊时，夹角控制 30°～45°，考虑重物产生在钢丝绳静拉力，同时考虑重物在起吊时产生 1.8～2 倍动载荷，应选钢丝绳允许最大拉力大于重物三倍力以上，起吊才安全可靠。

2 常用起重索具和吊具

2.1 钢丝绳

钢丝绳是起重作业中必备的重要部件，通常由多根钢丝捻成绳股，再由多股绳股围绕绳芯捻制而成。钢丝绳具有强度高、自重轻、弹性大等特点，能承受振动荷载，能卷绕成盘，能在高速下平稳运动且噪声小。广泛用于捆绑物体以及起重机的起升、牵引、缆风等。

2.1.1 钢丝绳分类和标记

（1）分类

钢丝绳的种类较多，施工现场起重作业一般使用圆股钢丝绳。按《重要用途钢丝绳》（GB 8918—2006）标准，钢丝绳分类如下：

1）按绳和股的断面、股数和股外层钢丝绳的数目分类，见表 2-1。施工现场常见钢丝绳的断面如图 2-1、图 2-2 所示。

2）钢丝绳按捻法，分为右交互捻（ZS）、左交互捻（SZ）、右同向捻（ZZ）和左同向捻（SS）4 种，如图 2-3 所示。

3）钢丝绳按绳芯不同，分为纤维芯和钢芯。纤维芯钢丝绳比较柔软，易弯曲，纤维芯可浸油作润滑、防锈，减少钢丝间的摩擦；钢芯的钢丝绳耐高温、耐重压、硬度大、不易弯曲。

（2）标记

根据国家标准《钢丝绳 术语、标记和分类》 （GB/T 8706—2017），钢丝绳的标记格式如图 2-4 所示。

钢丝绳分类

表2-1

组别	类别	分类原则	类型结构 钢丝绳	类型结构 股绳	直径范围 mm
1	6×7	6个圆股,每股外层丝可到7根,中心丝(或无)外捻制1~2层钢丝,钢丝等捻距	6×7	(1+6)	8~36
			6×9W	(3+3/3)	14~36
2	6×19	6个圆股,每股外层丝8~12根,中心丝外捻制2~3层层钢丝,钢丝等捻距	6×19S	(1+9+9)	12~36
			6×19W	(1+6+6/6)	12~40
			6×25Fi	(1+6+6F+12)	12~44
			6×26WS	(1+5+5/5+10)	20~40
			6×31WS	(1+6+6/6+12)	22~46
3	6×37	6个圆股,每股外层丝14~18根,中心丝外捻制3~4层钢丝,钢丝等捻距	6×29Fi	(1+7+7F+14)	14~44
			6×36WS	(1+7+7/7+14)	18~60
			6×37WS(点线接触)	(1+6+15+15)	20~60
			6×41WS	(1+8+8/8+16)	32~56
			6×49WS	(1+8+8+8/8+16)	36~60
			6×55SWS	(1+9+9+9/9+18)	36~64
4	8×19	8个圆股,每股外层丝8~12根,中心丝外捻制2~3层钢丝,钢丝等捻距	8×19S	(1+9+9)	20~44
			8×19W	(1+6+6/6)	18~48
			8×25Fi	(1+6+6F+12)	16~52
			8×26WS	(1+5+5/5+10)	24~48
			8×31WS	(1+6+6/6+12)	26~56

圆股钢丝绳

组别	类别	分类原则	类型结构		直径范围 mm
			钢丝绳	股绳	
5	8×37	8个圆股,每股外层丝14~18根,中心丝外捻制3~4层钢丝,钢丝等捻距	8×36WS	(1+7+7F+14)	22~60
			8×41WS	(1+8+8/8+16)	40~56
			8×49WS	(1+8+8+8/8+16)	44~64
			8×55SWS	(1+9+9+9/9+18)	44~64
6	18×7	钢丝绳中有17或18个圆股,每股外层丝4~7根,在纤维芯或钢芯外捻制2层股	17×7	(1+6)	12~60
			18×7	(1+6)	12~60
7	18×19	钢丝绳中有17或18个圆股,每股外层丝8~12根,钢丝等捻距,在纤维芯或钢芯外捻制2层股	18×19W	(1+6+6/6)	24~60
			18×19S	(1+9+9)	28~60
8	34×7	钢丝绳中有34~36个圆股,每股外层丝4~8根,在纤维芯或钢芯外捻制3层股	34×7	(1+6)	16~60
			36×7	(1+6)	20~60
9	35W×7	钢丝绳中有24~40个圆股,每股外层丝可到7根,在纤维芯或钢芯(钢丝)外捻制3层股	35W×7	(1+6)	16~60
			24W×7		

圆股钢丝绳

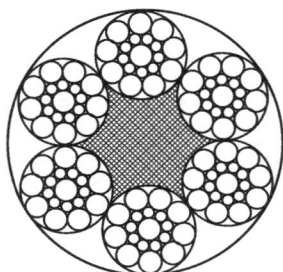
6×19S+FC

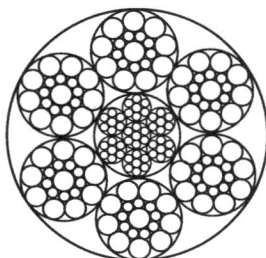
6×19S+IWR

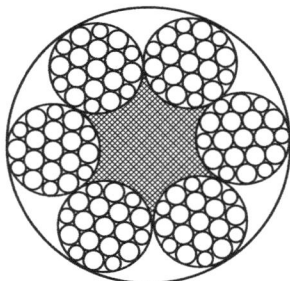
6×19W+FC

6×19W+IWR

图 2-1　6×19 钢丝绳断面图

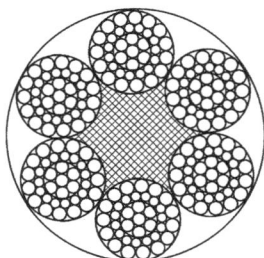
6×37S－FC

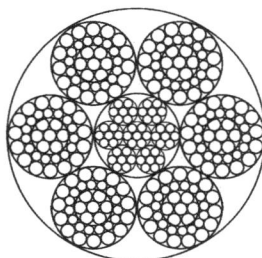
6×37S+IWR

图 2-2　6×37S 钢丝绳断面图

2.1.2 钢丝绳的选用和维护

（1）钢丝绳的选用

钢丝绳的选用应遵循下列原则：

1）能承受所要求的拉力，保证足够的安全系数；

2）能保证钢丝绳受力不发生扭转；

3）耐疲劳，能承受反复弯曲和振动作用；

4）有较好的耐磨性能；

5）与使用环境相适应：

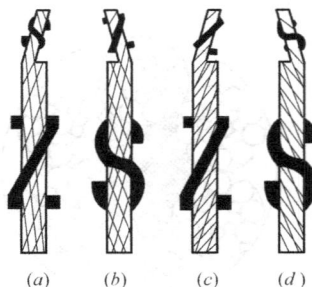

图 2-3 钢丝绳按捻法分类
（a）右交互捻；（b）左交互捻；
（c）右同向捻；（d）左同向捻

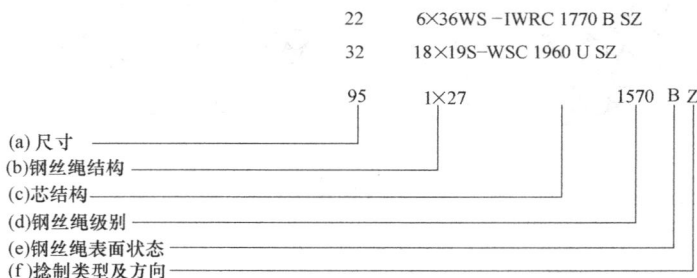

图 2-4 钢丝绳的标记示例

① 高温或多层缠绕的场合宜选用金属芯；

② 高温、腐蚀严重的场合宜选用石棉芯；

③ 有机芯易燃，不能用于高温场合。

6）必须有产品检验合格证。

（2）安全系数

在钢丝绳受力计算和选择钢丝绳时，考虑到钢丝绳受力不均、负荷不准确、计算方法不精确和使用环境较复杂等一系列不利因素，应给予钢丝绳一个储备能力。因此确定钢丝绳的受力时必须考虑一个系数，作为储备能力，这个系数就是选择钢丝绳的安全系数。起重用钢丝绳必须预留足够的安全系数，基于以下因素确定：

1）钢丝绳的磨损、疲劳破坏、腐蚀、不恰当使用、尺寸误差、制造质量缺陷等不利因素带来的影响；

2）钢丝绳的固定强度达不到钢丝绳本身的强度；

3）由于惯性及加速作用（如启动、制动、振动等）而造成的附加载荷的作用；

4）由于钢丝绳通过滑轮槽时的摩擦阻力作用；

5）吊重时的超载影响；

6）吊索及吊具的超重影响；

7）钢丝绳在绳槽中反复弯曲而造成的危害影响。

钢丝绳的安全系数是不可缺少的安全储备，绝不允许凭借这种安全储备而擅自提高钢丝绳的最大允许安全载荷，钢丝绳的安全系数见表 2-2。

钢丝绳的安全系数 表 2-2

用途	安全系数	用途	安全系数
作缆风	3.5	作吊索	6～7
用于手动起重设备	4.5	作捆绑吊索	8～10
用于机动起重设备	5～6	用于载人的升降机	14

（3）钢丝绳的存储

1）运输过程中，应注意不要损坏钢丝绳表面。

2）绳应储存于干燥而有木地板或沥青、混凝土地面的仓库里，以免腐蚀。在堆放时，成卷的钢丝绳应竖立放置（即卷轴与地面平行），不得平放。

3）必须在露天存放时，地面上应垫木方，并用防水毡布覆盖，防止潮湿造成钢丝绳锈蚀。

（4）钢丝绳的松卷

1）在整卷钢丝绳中引出一个绳头并拉出一部分重新盘绕成卷时，松绳的引出方向和重新盘绕成卷的绕行方向应保持一致，不得随意抽取，以免形成圈套和死结，如图 2-5 所示。

正确   不正确

正确   不正确

图 2-5 钢丝绳的松卷

2）当由钢丝绳卷直接往起升机构卷筒上缠绕时，应把整卷钢丝绳架在专用的支架上，松卷时的旋转方向应与起升机构卷筒上绕绳的方向一致；卷筒上绳槽的走向应与钢丝绳的捻向相适应。

3）在钢丝绳松卷和重新缠绕过程中，应避免钢丝绳与污泥接触，以防止钢丝绳生锈。

4）钢丝绳严禁与电焊线碰触。

（5）钢丝绳的扎结与截断

在截断钢丝绳时，宜使用专用刀具或砂轮锯截断，较粗钢丝绳可用乙炔切割，如图 2-6 所示，截断钢丝绳时，要在截分处进行扎结，扎结绕向必须与钢丝绳股的绕向相反，扎结须紧固，以免钢丝绳在断头处松开。

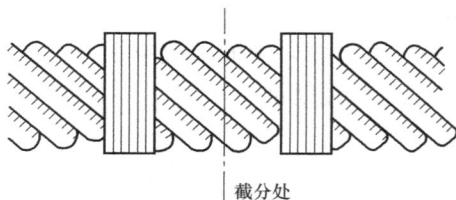

截分处

图 2-6 钢丝绳的扎结和截断

缠扎宽度随钢丝绳直径大小而定，直径为 15～24mm，扎结宽度应不小于 25mm；对直径为 25～30mm 的钢丝绳，其缠扎宽度应不小于 40mm；对于直径为 31～44mm 的钢丝绳，其扎结宽度不得小于 50mm；直径为 45～51mm 的钢丝绳，扎结长度不得小于 75mm。扎结处与截断口之间的距离应不小于 50mm。

（6）钢丝绳的穿绕

钢丝绳的使用寿命长短，在很大程度上取决于穿绕方式是否正确，因此，要由训练有素的技工细心地进行穿绕，并应在穿绕时将钢丝绳涂满润滑脂。

穿绕钢丝绳时，必须注意检查钢丝绳的捻向。如俯仰变幅动臂式塔机的臂架拉绳捻向必须与臂架变幅绳的捻向相同。起升钢丝绳的捻向必须与起升卷筒上的钢丝绳绕向相反。

（7）钢丝绳的固定与连接

钢丝绳与其他零构件连接或固定应注意连接或固定方式与使用要求相符，连接或固定部位应达到相应的强度和安全要求。常用的连接和固定方式有以下几种，如图 2-7 所示。

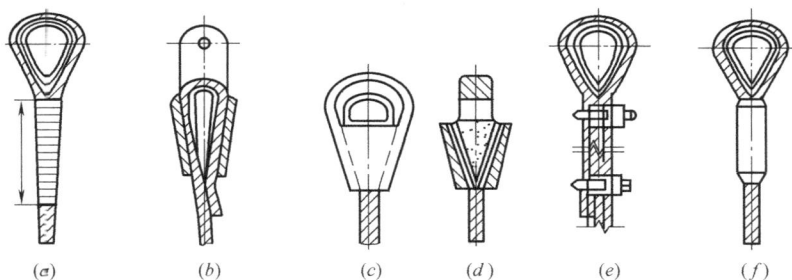

图 2-7　钢丝绳固接

（a）编结连接；（b）楔块、楔套连接；（c）、（d）锥形套浇铸法；
（e）绳夹连接；（f）铝合金套压缩法

1）编结连接，如图 2-7（a）所示，编结长度不应小于钢丝绳直径的 15 倍，且不应小于 300mm；连接强度不小于 75％钢丝绳破断拉力。

2）楔块、楔套连接，如图 2-7（b）所示，钢丝绳一端绕过楔块，利用楔块在套筒内的锁紧作用使钢丝绳固定。固定处的强度约为绳自身强度的 75%～85%。楔套应用钢材制造，连接强度不小于 75% 的钢丝绳破断拉力。

3）锥形套浇铸法，如图 2-7（c）、（d）所示，先将钢丝绳拆散，切去绳芯后插入锥套内，再将钢丝绳末端弯成钩状，然后灌入熔融的铅液，最后经过冷却即成。

4）绳夹连接，如图 2-7（e）所示，绳夹连接简单、可靠，被广泛应用。用绳夹（图 2-8）固定时，应注意绳夹数量、绳夹间距、绳夹的方向和固定处的强度，连接强度不小于 85% 钢丝绳破断拉力。

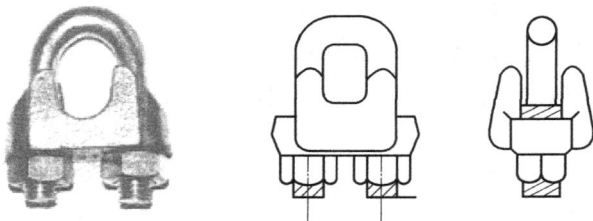

图 2-8　钢丝绳夹

5）铝合金套压缩法，如图 2-7（f）所示，钢丝绳末端穿过锥形套筒后松散钢丝，将头部钢丝弯成小钩，浇入金属液凝固而成。其连接应满足相应的工艺要求，固定处的强度与钢丝绳自身的强度大致相同。

（8）钢丝绳的维护保养

1）钢丝绳在卷筒上，应按顺序整齐排列。

2）载荷由多根钢丝绳支承时，应设有各根钢丝绳受力的均衡装置。

3）起升机构和变幅机构，不得使用编结接长的钢丝绳。使用其他方法接长钢丝绳时，必须保证接头连接强度不小于钢丝绳破断拉力的 90%。

4）起升高度较大的起重机，宜采用不旋转、无松散倾向的钢丝绳。采用其他钢丝绳时，应有防止钢丝绳和吊具旋转的装置或措施。

5）当吊钩处于工作位置最低点时，钢丝绳在卷筒上的缠绕，除固定绳尾的圈数外，必须不少于 3 圈。

6）吊运熔化或炽热金属的钢丝绳，应采用石棉芯等耐高温的钢丝绳。

7）对钢丝绳应防止损伤、腐蚀或其他物理、化学因素造成的性能降低。

8）钢丝绳开卷时，应防止打结或扭曲。

9）钢丝绳切断时，应有防止绳股散开的措施。

10）安装钢丝绳时，不应在不洁净的地方拖线，也不应缠绕在其他的物体上，应防止划、磨、碾、压和过度弯曲。

11）钢丝绳应保持良好的润滑状态。所用润滑剂应符合该绳的要求，并且不影响外观检查。润滑时应特别注意不易看到和润滑剂不易渗透到的部位，如平衡滑轮处的钢丝绳。

12）领取钢丝绳时，必须检查该钢丝绳的合格证，以保证机械性能、规格符合设计要求。

13）对日常使用的钢丝绳每天都应进行检查，包括对端部的固定连接、平衡滑轮处的检查，并做出安全性的判断。

14）钢丝绳的润滑。对钢丝绳定期进行系统润滑，可保证钢丝绳的性能，延长使用寿命。润滑之前，应将钢丝绳表面上积存的污垢和铁锈清除干净，最好是用镀锌钢丝刷将钢丝绳表面刷净。钢丝绳表面越干净，润滑油脂就越容易渗透到钢丝绳内部去，润滑效果就越好。钢丝绳润滑的方法有刷涂法和浸涂法。

刷涂法就是人工使用专用的刷子，把加热的润滑脂涂刷在钢丝绳的表面上。浸涂法就是将润滑脂加热到 60℃，然后使钢丝绳通过一组导辊装置被张紧，同时使之缓慢地从熔融润滑脂的容器中通过。

2.1.3 钢丝绳的检验检查

由于起重钢丝绳在使用过程中经常反复受到拉伸、弯曲，当拉伸、弯曲的次数超过一定数值后，会使钢丝绳出现一种叫"金属疲劳"的现象，于是钢丝绳开始很快地损坏。同时当钢丝绳受力伸长时钢丝绳之间产生摩擦，绳与滑轮槽底、绳与起吊件之间的摩擦等，使钢丝绳使用一定时间后就会出现磨损、断丝现象。此外，由于使用、贮存不当，也可能造成钢丝绳的扭结、退火、变形、锈蚀、表面硬化、松捻等。钢丝绳在使用期间，一定要按规定进行定期检查，及早发现问题，及时保养或更换报废，保证钢丝绳的安全使用。钢丝绳的检查包括外部检查与内部检查两部分。

（1）钢丝绳外部检查

1）直径检查：直径是钢丝绳极其重要的参数。通过对直径的测量，可以反映出该钢丝的变化速度、钢丝绳是否受到过较大的冲击载荷、捻制时股绳张力是否均匀一致、绳芯对股绳是否保持了足够的支撑能力。钢丝绳直径应用带有宽钳口的游标卡尺测量。其钳口的宽度要足以跨越两个相邻的股，如图 2-9 所示。

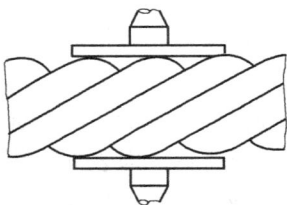

图 2-9　钢丝绳直径测量方法

2）磨损检查：钢丝绳在使用过程中产生磨损现象不可避免。通过对钢丝绳的磨损检查，可以反映出钢丝绳与匹配轮槽的接触状况，在无法随时进行性能试验的情况下，根据钢丝绳磨损程度的大小推测钢丝绳实际承载能力。钢丝绳的磨损情况检查主要靠目测。

3）断丝检查：钢丝绳在投入使用后，肯定会出现断丝现象，尤其是到了使用后期，断丝发展速度会迅速上升。由于钢丝绳在使用过程中不可能一旦出现断丝现象便立即停止运行，因此，通过断丝检查，尤其是对一个捻距内断丝情况检查，不仅可以推测钢丝绳继续承载的能力，而且根据出现断丝根数发展速度，可以间接预测钢丝绳使用疲劳寿命。钢丝绳的断丝情况检查主要靠目测计数。

4）润滑检查：通常情况下，新出厂的钢丝绳大部分在生产时已经进行了润滑处理，但在使用过程中，润滑油脂会流失减少。鉴于润滑不仅能够对钢丝绳在运输和存储期间起到防腐保护作用，而且能够减少钢丝绳使用过程中钢丝之间、股绳之间和钢丝绳与匹配轮槽之间的摩擦，对延长钢丝绳使用寿命十分有益，因此，为把腐蚀、摩擦对钢丝绳的危害降低到最低程度，进行润滑检查十分必要。钢丝绳的润滑情况检查主要靠目测。

（2）钢丝绳内部检查

对钢丝绳进行内部检查要比进行外部检查困难得多，但由于内部损坏（主要由锈蚀和疲劳引起的断丝）隐蔽性更大，因此，为保证钢丝绳安全使用，必须在适当的部位进行内部检查。

如图 2-10 所示，检查时将两个尺寸合适的夹钳相隔 100～200mm 夹在钢丝绳上反方向转动，股绳便会脱起。操作时，必须十分仔细，以避免股绳被过度移位造成永久变形（导致钢丝绳结构破坏）。如图 2-11 所示，小缝隙出现后，用 T 形针（用螺丝刀改制）之类的探针拨动股绳并把妨碍视线的油脂或其他异物拨开，对内部润滑、钢丝锈蚀、钢丝及钢丝间相互运动产生的磨痕

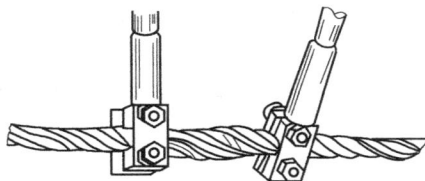

图 2-10　对一段连续钢丝绳作内部检查

等情况进行仔细检查。检查断丝，一定要认真，因为钢丝断头一般不会翘起，不容易被发现。检查完毕后，稍用力转回夹钳，以使股绳完全恢复到原来位置。如果上述过程操作正确，钢丝绳不会变形。对靠近绳端的绳段特别是对固定钢丝绳应加以注意，诸如支持绳或悬挂绳。

图 2-11 对靠近绳端装置的钢丝绳尾部作内部检验（张力为零）

（3）钢丝绳使用条件检查

前面叙述的检查仅是对钢丝绳本身而言，这只是保证钢丝绳安全使用要求的一个方面。除此之外，还必须对与钢丝绳使用的外围条件——匹配轮槽的表面磨损情况、轮槽几何尺寸及转动灵活性进行检查，以保证钢丝绳在运行过程中与其始终处于良好的接触状态，运行摩擦阻力最小。

2.1.4　钢丝绳的报废

钢丝绳经过一定时间的使用，其表面的钢丝发生磨损和弯曲疲劳，使钢丝绳表层的钢丝逐渐折断，折断的钢丝数量越多，其他未断的钢丝承担的拉力越大，疲劳与磨损愈甚，促使断丝速度加快，这样便形成恶性循环。当断丝发展到一定程度，保证不了钢丝绳的安全性能，届时钢丝绳不能继续使用，则应予以报废。钢丝绳的报废还应考虑磨损、腐蚀、变形等情况。钢丝绳的报废应考虑以下项目：

（1）可见断丝

（2）钢丝绳直径的减小

（3）断股

（4）腐蚀

（5）畸形和损伤

钢丝绳的损坏往往是由多种因素综合累计造成的，国家对钢丝绳的报废有明确的标准，具体标准见附录1《起重机　钢丝绳保养、维护、检验和报废》（GB/T 5972—2016）。

2.1.5　钢丝绳计算

在施工现场起重作业中，通常会有两种情况：一是已知重物重量选用钢丝绳；二是利用现场钢丝绳起吊一定重量的重物。在允许的拉力范围内使用钢丝绳，是确保钢丝绳使用安全的重要原则。因此，根据现场情况计算钢丝绳的受力，对于选用合适的钢丝绳显得尤为重要。钢丝绳的允许拉力与其最小破断拉力、工作环境下的安全系数相关联。

（1）钢丝绳的最小破断拉力

钢丝绳的最小破断拉力与钢丝绳的直径、结构（几股几丝及芯材）及钢丝的强度有关，是钢丝绳最重要的力学性能参数，其计算公式如下：

$$F_0 = \frac{K'D^2R_0}{1000} \tag{2-1}$$

式中：

F_0—钢丝绳最小破断拉力（kN）；

D—钢丝绳公称直径（mm）；

R_0—钢丝绳公称抗拉强度（MPa）；

K'—指定结构钢丝绳最小破断拉力系数。

可以通过查询钢丝绳质量证明书或力学性能表，得到该钢丝绳的最小破断拉力。建筑施工现场常用的 6×19、6×37 两种钢丝绳的力学性能见表 2-3、表 2-4。

6×19系列钢丝绳力学性能表

表2-3

钢丝绳公称直径 D	钢丝绳近似重量 (kg/100m)			钢丝绳公称抗拉强度(MPa) 钢丝绳最小破断拉力 (kN)									
	天然纤维芯钢丝绳	合成纤维芯钢丝绳	钢芯钢丝绳	1570		1670		1770		1870		1960	
mm				纤维芯钢丝绳	钢芯钢丝绳	纤维芯钢丝绳	钢芯钢丝绳	纤维芯钢丝绳	钢芯钢丝绳	纤维芯钢丝绳	钢芯钢丝绳	纤维芯钢丝绳	钢芯钢丝绳
12	53.10	51.80	58.40	74.60	80.50	79.40	85.60	84.10	90.70	88.90	95.90	93.10	100.00
13	62.30	60.80	68.50	87.50	94.40	93.10	100.00	98.70	106.00	104.00	113.00	109.00	118.00
14	72.20	70.50	79.50	101.00	109.00	108.00	117.00	114.00	124.00	121.00	130.00	127.00	137.00
16	94.40	92.10	104.00	133.00	143.00	141.00	152.00	149.00	161.00	157.00	170.00	166.00	179.00
18	119.00	117.00	131.00	167.00	181.00	178.00	192.00	189.00	204.00	199.00	215.00	210.00	226.00
20	147.00	144.00	162.00	207.00	223.00	220.00	237.00	233.00	252.00	246.00	266.00	259.00	279.00
22	178.00	174.00	196.00	250.00	270.00	266.00	287.0	282.00	304.00	298.00	322.00	313.00	338.00
24	212.00	207.00	234.00	298.00	321.00	317.00	342.00	336.00	362.00	355.00	383.00	373.00	402.00
26	249.00	243.00	274.00	350.00	377.00	372.00	401.00	394.00	425.00	417.00	450.00	437.00	472.00
28	289.00	282.00	318.00	406.00	438.00	432.00	466.00	457.00	494.00	483.00	521.00	507.00	547.00
30	332.00	324.00	365.00	466.00	503.00	495.00	535.00	525.00	567.00	555.00	599.00	582.00	628.00
32	377.00	369.00	415.00	530.00	572.00	564.00	608.00	598.00	645.00	631.00	681.00	662.00	715.00
34	426.00	416.00	469.00	598.00	646.00	637.00	687.00	675.00	728.00	713.00	769.00	748.00	807.00
36	478.00	466.00	525.00	671.00	724.00	714.00	770.00	756.00	816.00	799.00	862.00	838.00	904.00
38	532.00	520.00	585.00	748.00	807.00	795.00	858.00	843.00	909.00	891.00	961.00	934.00	1010.0
40	590.00	576.00	649.00	828.00	894.00	881.00	951.00	934.00	1000.00	987.00	1060.0	1030.0	1120.0

注：钢丝绳公称直径（D）允许偏差0～5%。

6×37 系列钢丝绳力学性能表

表 2-4

| 钢丝绳公称直径 D (mm) | 钢丝绳近似重量 kg/100m | | | 钢丝绳公称抗拉强度 (MPa) 钢丝绳最小破断拉力 kN | | | | | | | | | | |
| | 天然纤维芯钢丝绳 | 合成纤维芯钢丝绳 | 钢芯钢丝绳 | 1570 | | 1670 | | 1770 | | 1870 | | 1960 | |
				纤维芯钢丝绳	钢芯钢丝绳	纤维芯钢丝绳	钢芯钢丝绳	纤维芯钢丝绳	钢芯钢丝绳	纤维芯钢丝绳	钢芯钢丝绳	纤维芯钢丝绳	钢芯钢丝绳
12	54.70	53.40	60.20	74.60	80.50	79.40	85.60	84.10	90.70	88.90	95.90	93.10	100.00
13	64.20	62.70	70.60	87.50	94.40	93.10	100.00	98.70	106.00	104.00	113.00	109.00	118.00
14	74.50	72.70	81.90	101.00	109.00	108.00	117.00	114.00	124.00	121.00	130.00	127.00	137.00
16	97.30	95.00	107.00	133.00	143.00	141.00	152.00	149.00	161.00	157.00	170.00	166.00	179.00
18	123.00	120.00	135.00	167.00	181.00	178.00	192.00	189.00	204.00	199.00	215.00	210.00	226.00
20	152.00	148.00	167.00	207.00	223.00	220.00	237.00	233.00	252.00	246.00	266.00	259.00	279.00
22	184.00	180.00	202.00	250.00	270.00	266.00	287.00	282.00	304.00	298.00	322.00	313.00	338.00
24	219.00	214.00	241.00	298.00	321.00	317.00	342.00	336.00	362.00	355.00	383.00	373.00	402.00
26	257.00	251.00	283.00	350.00	377.00	372.00	401.00	394.00	425.00	417.00	450.00	437.00	472.00
28	298.00	291.00	328.00	406.00	438.00	432.00	466.00	457.00	494.00	483.00	521.00	507.00	547.00
30	342.00	334.00	376.00	466.00	503.00	495.00	535.00	525.00	567.00	555.00	599.00	582.00	628.00
32	389.00	380.00	428.00	530.00	572.00	564.00	608.00	598.00	645.00	631.00	681.00	662.00	715.00
34	439.00	429.00	483.00	598.00	646.00	637.00	687.00	675.00	728.00	713.00	769.00	748.00	807.00

钢丝绳公称直径	钢丝绳近似重量 (kg/100m)			钢丝绳公称抗拉强度 (MPa) / 钢丝绳最小破断拉力 kN									
				1570		1670		1770		1870		1960	
D (mm)	天然纤维芯钢丝绳	合成纤维芯钢丝绳	钢芯钢丝绳	纤维芯钢丝绳	钢芯钢丝绳	纤维芯钢丝绳	钢芯钢丝绳	纤维芯钢丝绳	钢芯钢丝绳	纤维芯钢丝绳	钢芯钢丝绳	纤维芯钢丝绳	钢芯钢丝绳
36	492.00	481.00	542.00	671.00	724.00	714.00	770.00	756.00	816.00	799.00	862.00	838.00	904.00
38	549.00	536.00	604.00	748.00	807.00	795.00	858.00	843.00	909.00	891.00	961.00	934.00	1010.0
40	608.00	594.00	669.00	828.00	894.00	881.00	951.00	934.00	1000.0	987.00	1060.0	1030.0	1120.0
42	670.00	654.00	737.00	913.00	985.00	972.00	1040.0	1030.0	1110.0	1080.0	1170.0	1140.0	1230.0
44	736.00	718.00	809.0	1000.0	1080.0	1060.0	1150.0	1130.0	1210.0	1190.0	1280.0	1250.0	1350.0
46	804.00	785.00	884.00	1090.0	1180.0	1160.0	1250.0	1230.0	1330.0	1300.0	1400.0	1370.0	1480.0
48	876.00	855.00	963.00	1190.0	1280.0	1260.0	1360.0	1340.0	1450.0	1420.0	1530.0	1490.0	1610.0
50	950.00	928.00	1040.0	1290.0	1390.0	1370.0	1480.0	1460.0	1570.0	1540.0	1660.0	1620.0	1740.0
52	1030.0	1000.0	1130.0	1400.0	1510.0	1490.0	1600.0	1570.0	1700.0	1660.0	1800.0	1750.0	1890.0
54	1110.0	1080.0	1220.0	1510.0	1620.0	1600.0	1730.0	1700.0	1830.0	1790.0	1940.0	1890.0	2030.0
56	1190.0	1160.0	1310.0	1620.0	1750.0	1720.0	1860.0	1830.0	1970.0	1930.0	2080.0	2030.0	2190.0
58	1280.0	1250.0	1410.0	1740.0	1880.0	1850.0	1990.0	1960.0	2110.0	2070.0	2240.0	2180.0	2350.0
60	1370.0	1340.0	1500.0	1860.0	2010.0	1980.0	2140.0	2100.0	2260.0	2220.0	2400.0	2330.0	2510.0

注：钢丝绳公称直径 (D) 允许偏差 0~5%。

（2）钢丝绳的安全系数

钢丝绳的安全系数可按表 2-2 对照现场实际情况进行选择。

（3）钢丝绳的允许拉力

允许拉力是钢丝绳实际工作中所允许的实际载荷，其与钢丝绳的最小破断拉力和安全系数关系式为：

$$[F]=\frac{F_0}{K} \tag{2-2}$$

式中：

$[F]$—钢丝绳允许拉力（kN）；

F_0—钢丝绳最小破断拉力（kN）；

K—钢丝绳的安全系数。

【例 2-1】 一规格为 $6\times19S+FC$，钢丝绳的公称抗拉强度 1570MPa，直径为 16mm 的钢丝绳，试确定使用单根钢丝绳所允许吊起的重物的最大重量。

【解】 已知钢丝绳规格为 $6\times19S+FC$，$R_0=1570MPa$，$D=16mm$。

查表 2-4 知，$F_0=133kN$。

根据题意，该钢丝绳属于用作捆绑吊索，查表 2-2 知，$K=8$，根据式（2-2），得

$$[F]=\frac{F_0}{K}=\frac{133}{8}=16.625kN$$

该钢丝绳作捆绑吊索所允许吊起的重物的最大重量为 16.625kN。

在起重作业中，钢丝绳所受的应力很复杂，虽然可用数学公式进行计算，但因实际使用场合下计算时间有限，且也没有必要算得十分精确。因此人们常用估算法：

1）破断拉力

$$Q\approx50D^2 \tag{2-3}$$

2）允许拉力

$$P\approx\frac{50D^2}{K} \tag{2-4}$$

式中:

Q—公称抗拉强度 1570MPa 时的破断拉力(N);

P—钢丝绳使用时允许近似拉力(kg);

D—钢丝绳直径(mm);

K—钢丝绳的安全系数。

【例 2-2】 选用一根直径为 16mm 的钢丝绳,用于吊索,设定安全系数为 8,试问它的破断力和允许拉力各为多少?

【解】 已知 D=16mm,K=8,得

$$Q \approx 50D^2 = 50 \times 16^2 = 12800 \text{kg} = 128000 \text{N}$$

$$P \approx \frac{50D^2}{K} = \frac{50 \times 16^2}{8} = 1600 \text{kg} = 16000 \text{N}$$

该钢丝绳的破断拉力为 128000N,允许拉力为 16000N。

2.1.6 吊索拉力的计算

施工现场常用 2 根、3 根、4 根等多根吊索吊运同一物体,在吊索垂直受力情况下,其安全负荷量原则上是以单根的负荷量分别乘以 2、3 或 4。而实际吊装中,用两根以上吊索吊装,其吊绳间是有夹角的,吊同样重的物件,吊绳间夹角不同,单根吊索所受的拉力是不同的。

一般用若干根钢丝绳吊装某一物体,如图 2-12 所示。要计算钢丝绳的了承受力,见式(2-5):

$$P = \frac{Q}{n} \times \frac{1}{\cos\alpha} \quad (2\text{-}5)$$

如果以 $K_1 = \dfrac{1}{\cos\alpha}$,公式可以写成:

$$P = K_1 \frac{Q}{n} \quad (2\text{-}6)$$

式中 P—钢丝绳的承受力;

Q—吊物重量;

n—钢丝绳的根数;

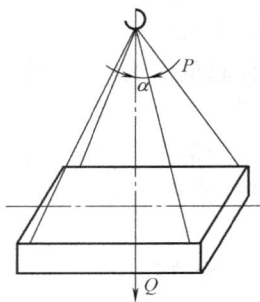

图 2-12 四绳吊装图示

K_1—随钢丝绳与吊垂线夹角 α 变化的系数,见表 2-5。

随 α 角度变化的 K_1 值 表 2-5

α	0°	15°	20°	25°	30°	35°	40°	45°	50°	55°	60°
K_1	1	1.035	1.06	1.10	1.15	1.22	1.31	1.41	1.56	1.75	2

由式(2-6)和图 2-13 可知,若重物 Q 和钢丝绳数目 n 一定时,系数的 K_1 越大(α 角越大),钢丝绳承受力也越大。因此,在起重吊装作业中,捆绑钢丝绳时,必须掌握下面的专业知识:

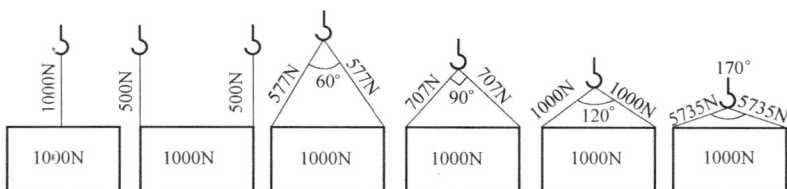

图 2-13 吊索分支拉力计算数据图示

(1)吊绳间的夹角越大,张力越大,单根吊绳的受力也越大;反之,吊绳间的夹角越小,吊绳的受力也越小。所以吊绳间夹角小于 60° 为最佳,夹角不允许超过 120°。

(2)捆绑方形物体起吊时,吊绳间的夹角有可能达到 170° 左右。此时,钢丝绳受到的拉力会达到所吊物体重量的 5~6 倍,很容易拉断钢丝绳,因此危险性很高。120° 可以看作是起重吊运的极限角度。另外,夹角过大,容易造成脱钩。

(3)绑扎时吊索的捆绑方式也影响其安全起重量。因此在进行绑扎吊索的强度计算时,其安全系数应取大一些,在估算钢丝绳直径时,应按图 2-14 所示进行折算。如果吊绳间有夹角,在计算吊绳安全载荷的时候,应根据夹角的不同,分别再乘以折减系数。

(4)钢丝绳的起重能力不仅与起吊钢丝绳之间的夹角有关,而且与捆绑时钢丝绳的曲率半径有关。一般钢丝绳的曲率半径大

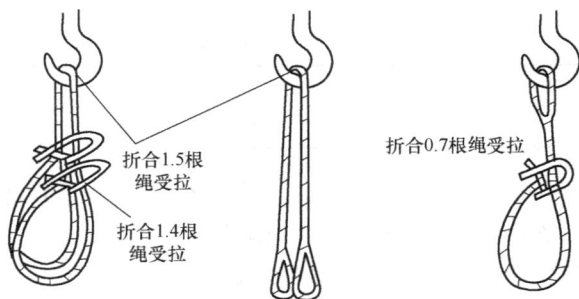

折合1.5根
绳受拉

折合1.4根
绳受拉

折合0.7根受拉

图 2-14　捆绑绳的折算

于绳径 6 倍以上，起重能力不受影响。当曲率半径为绳径的 5 倍时，起重能力降至原起重能力的 85％；当曲率半径为绳径的 4 倍时，降至 80％；3 倍时降至 75％，2 倍时降至 65％，1 倍时降至 50，如图 2-15 所示。钢丝绳之间的连接应该使用卸扣，钢丝绳直径在 13mm 以下时，一般采用大于钢丝绳直径 3～5mm 的卸扣，钢丝绳直径在 15～26mm 时，采用大于钢丝绳直径 5～6mm 卸扣，钢丝绳直径在 26mm 以上时，采用大于钢丝绳直径 8～10mm 卸扣。

　　钢丝绳之间的连接也可以采用套环来衬垫连接，其目的都是为了保证钢丝绳的曲率半径不至于过小，从而避免降低钢丝绳的起重能力及可能产生的剪切力。

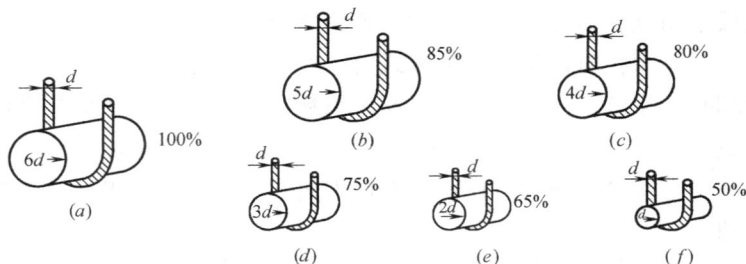

图 2-15　起吊钢丝绳曲率图

2.2 吊钩

吊钩属起重机上重要取物装置之一。吊钩若使用不当，容易造成损坏和折断而发生重大事故，因此，必须加强对吊钩进行经常性的安全技术检验。

2.2.1 吊钩分类

吊钩按制造方法可分为锻造吊钩和片式吊钩。锻造吊钩又可分为单钩和双钩，如图 2-16（a）、（b）所示。单钩一般用于小起重量，双钩多用于较大的起重量。锻造吊钩材料采用优质低碳镇静钢或低碳合金钢，如 20 优质低碳钢、16Mn、20MnSi、36MnSi。片式吊钩由若干片厚度不小于 20mm 的 C3、20 或 16Mn 的钢板铆接起来。片式吊钩也有单钩和双钩之分，如图 2-16（c）和图 2-16（d）所示。

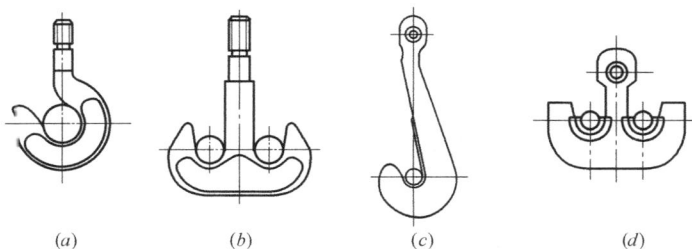

图 2-16　吊钩的种类
（a）锻造单钩；（b）锻造双钩；（c）片式单钩；（d）片式双钩

片式吊钩比锻造吊钩安全，因为吊钩板片不可能同时断裂，个别板片损坏还可以更换。吊钩按钩身（弯曲部分）的断面形状可分为：圆形、矩形、梯形和 T 字形断面吊钩。

2.2.2 吊钩安全技术要求

吊钩应有出厂合格证明，在低应力区应有额定起重量标记。

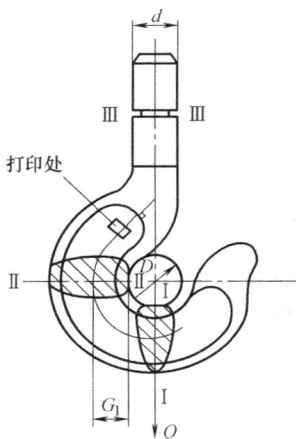

图 2-17 吊钩的危险断面

吊钩的危险断面对吊钩的检验，必须先了解吊钩的危险断面所在，通过对吊钩的受力分析，可以了解吊钩的危险断面有 3 个。

如图 2-17 所示，假定吊钩上吊挂重物的重量为 Q，由于重物重量通过钢丝绳作用在吊钩的 Ⅰ—Ⅰ 断面上，有把吊钩切断的趋势，该断面上受切应力；由于重量 Q 的作用，在 Ⅲ—Ⅲ 断面，有把吊钩拉断的趋势，这个断面就是吊钩钩尾螺纹的退刀槽，这个部位受拉应力；由于 Q 力对吊钩产生拉、切力之后，还有把吊钩拉直的趋势，也就是对 Ⅰ—Ⅰ 断面以左的各断面除受拉力以外，还受到力矩的作用。因此，Ⅱ—Ⅱ 断面受 Q 的拉力，使整个断面受切应力，同时受力矩的作用。另外，Ⅱ—Ⅱ 断面的内侧受拉应力，外侧受压应力，根据计算，内侧拉应力比外侧压应力大一倍多。吊钩做成内侧厚、外侧薄就是这个道理。

（1）吊钩的检验

吊钩的检验一般先用煤油洗净钩身，然后用 20 倍放大镜检查钩身是否有疲劳裂纹，特别对危险断面的检查要认真、仔细。钩尾螺纹部分的退刀槽是应力集中处，要注意检查有无裂缝。对板钩还应检查衬套、销子、小孔、耳环及其他紧固件是否有松动、磨损现象。对一些大型、重型起重机的吊钩还应采用无损探伤法检验其内部是否存在缺陷。

（2）吊钩的保险装置

吊钩必须装有可靠防脱棘爪（吊钩保险），防止工作时索具脱钩，如图 2-18 所示。

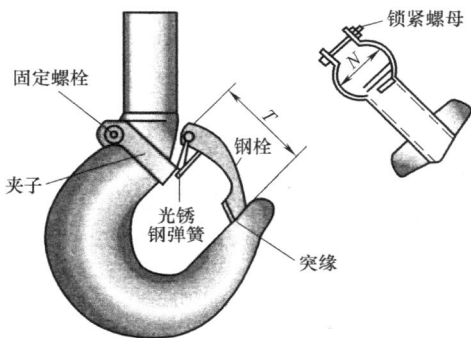

图 2-18　吊钩防脱棘爪

2.2.3　吊钩的报废

吊钩禁止补焊，有下列情况之一的，应予以报废：

（1）用 20 倍放大镜观察表面有裂纹；

（2）钩尾和螺纹部分等危险截面及钩筋有永久性变形；

（3）挂绳处截面磨损量超过原高度的 5%；

（4）心轴磨损量超过其直径的 5%；

（5）开口度比原尺寸增加 10%；

（6）钩身的扭转角 α 超过 10°。

2.3　卸扣

卸扣又称卡环、卸甲、卸卡等，是起重作业中广泛使用的连接工具，它与钢丝绳等索具配合使用，拆装颇为方便。

2.3.1　卸扣分类

卸扣按其外形分为直形和弓形两种，直形卸扣又称 D 形，弓形卸扣又称欧米茄形，如图 2-19 所示。

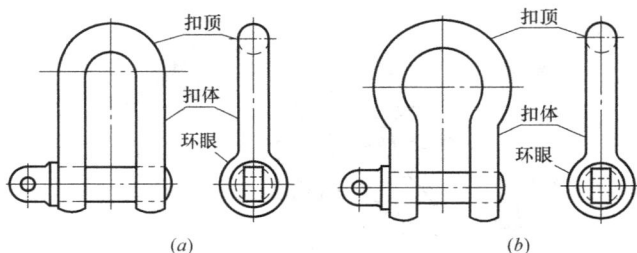

图 2-19 卸扣

(a) 直形卸扣；(b) 弓形卸扣

按活动销轴的形式可分为销子式和螺栓式，如图 2-20 所示。常用的是螺栓式。

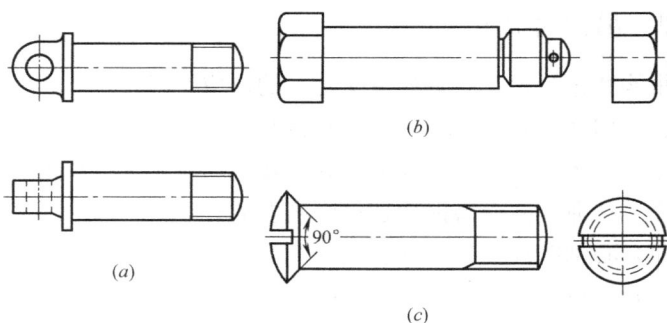

图 2-20 销轴的几种形式

(a) W 型，带有环眼和台肩的螺纹销轴；(b) X 型，六角头螺栓、
六角螺母和开口销；(c) Y 型，沉头螺钉

2.3.2 卸扣安全使用要求

卸扣应光滑平整，不允许有裂纹、锐边、过烧等缺陷；在扣体上应标有强度级、安全负荷等标记，如图 2-21 所示。

(1) 卸扣必须是锻造的，一般是用 20 号钢锻造后经过热处理而制成的，以便消除残余应力和增加其韧性，不能使用铸造和补焊的卸扣。

（2）使用时不得超过规定的荷载，应使销轴与扣顶受力，不能横向受力。横向使用会造成扣体变形。

（3）吊装时使用卸扣绑扎，在吊物起吊时应使扣顶在上，销轴在下，如图 2-22 所示，使绳扣受力后压紧销轴，销轴因受力，在销孔中产生摩擦力，使销轴不易脱出。

（4）不得从高处往下抛掷卸扣，以防止卸扣落地碰撞而变形或内部产生损伤及裂纹。

图 2-21　卸扣的标记

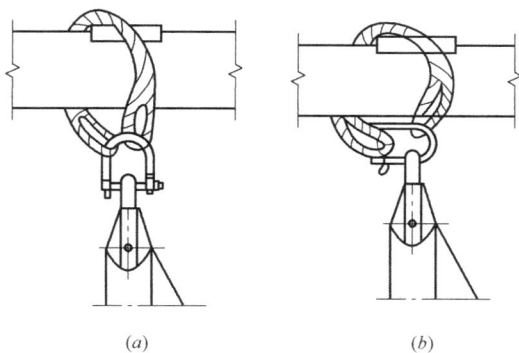

（a）　　　　　　　　　（b）

图 2-22　卸扣的使用示意图

（a）正确的使用方法；（b）错误的使用方法

2.3.3　卸扣的报废

卸扣出现以下情况之一时，应予以报废：

（1）裂纹；

（2）磨损达原尺寸的 10%；

（3）本体变形达原尺寸 10%；

（4）横销变形达原尺寸的 5%；

（5）螺栓坏丝或滑丝；

（6）卸扣不能闭锁。

2.4　绳夹

绳夹又称绳卡、钢丝夹头、轧头等，主要用于钢丝绳的临时连接和钢丝绳穿绕滑车组时后手绳的固定，以及扒杆上缆风绳绳头的固定等，它是起重吊装作业中用的较广的钢丝绳夹具。

市场上常见的绳夹一般均是碳素钢铸造工艺，国家标准规定，铸造钢丝绳卡头可以使用。但随着现代工业化发展，铸造钢丝绳卡头由于自然工艺的一些缺陷（气孔、裂纹、夹砂），在潮湿、酸性碱性、冲击振动等特殊场合，应谨慎使用。

2.4.1　绳夹的规格

绳夹的规格有：3、5、6、8、10、12、15、18、20、22、25、28、32、36、40mm，常用的规格是 6、8、10、12、15mm；一般根据钢丝绳直径来选绳夹的；选用绳夹时，应使其 U 形环的内侧净距比钢丝绳直径大 1～3mm，太大了卡扣连接卡不紧，容易发生事故。例如钢丝绳绳夹型号有 15mm、18mm、20mm。那 20mm 的只适合卡钢丝绳直径为 18mm 到 20mm 的钢丝绳。

图 2-23　绳夹

钢丝绳连接一般常用绳夹固定法。通常用的绳夹，有骑马式、U 形和抱合式三种，其中骑马式连接力最强，如图 2-23 所示；应用也最广，压板式其次，抱合式由于没有底座，容易损坏钢丝绳，连接力也差，因此，应用很少。

2.4.2 绳夹的固定要求

绳夹数量应根据钢丝绳直径满足表 2-6 的要求，绳卡压板，应在钢丝绳长头一边，绳卡间距不应小于钢丝绳直径的 6～7 倍。

钢丝绳夹数量				表 **2-6**	
绳夹规格(钢丝绳直径 mm)	≤18	18～26	26～36	36～44	44～60
绳夹最少数量(个)	3	4	5	6	7

2.4.3 绳夹的安全使用要求

（1）绳夹必须要有出厂合格证，螺母与螺栓的配合应符合要求，螺母应能用手拧入，且无松动现象；螺纹部位加润滑油。

（2）使用时，应根据所卡夹的钢丝绳的直径大小选择相应规格的绳夹，严禁代用（大代小或小代大）或采用在绳夹中加垫料的方法拧紧绳夹。

（3）每个绳夹都要拧紧，以压扁钢丝绳 1/3 左右为宜，并应将 U 形部分卡在绳头（即活头）一边，如图 2-24 所示，这是因为 U 形环与钢丝绳的接触面小，容易使钢丝绳产生弯曲，如有松动或滑移，绳头也不会从 U 形环中滑出，只是绳夹与主绳滑动，有利于安全。

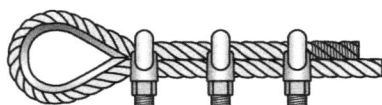

正确的连接方式

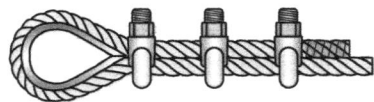

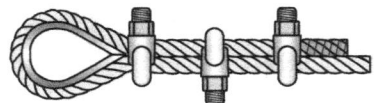

错误的连接方式

图 2-24 绳夹的连接方式

（4）一般绳夹的间距最小应为钢丝绳直径的 6 倍，卡绳时，应将两根钢丝绳理顺，使其紧密相靠，不能一根紧一根松，否则绳夹不能同时起作用，将会影响安全使用。

（5）钢丝绳受力后，应立即检查绳夹是否松动，由于钢丝绳受力后会产生变形，因此，对绳夹要进行二次拧紧。吊装重要的设备时，为了便于检查，可在绳头的尾部大约 500mm 处加一保险绳夹，如图 2-25 所示，如绳夹出现松动，安全弯首先被拉直，这样就可以立即采取措施进行处理。

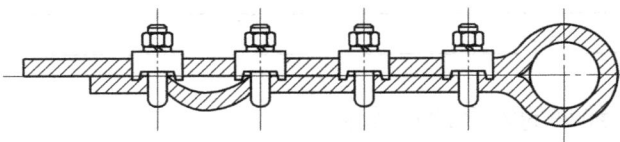

图 2-25　保险绳夹示意图

（6）绳夹使用后，要检查螺栓的螺纹有无损坏。暂时不用时，应在螺纹处涂上防锈油，并存放于干燥处备用。

2.5　滑车和滑车组

滑车和滑车组是起重吊装、搬运作业中较常用的起重工具，又称起重葫芦。滑车一般由吊钩（链环）、滑轮、轴、轴套和夹板等组成；它在起重作业中与索具、吊具、卷扬机等配合使用，对各种结构设备、构件进行运输及吊装工作。

2.5.1　滑车

（1）滑车的种类

滑车按滑轮的数量，可分为单门（一个滑轮）、双门（两个滑轮）和多门等几种；按连接件的结构型式不同，可分为吊钩型、链环型、吊环型、吊梁型 4 种；按滑车的夹板形式不同，可分为开口滑车和闭口滑车两种，如图 2-26 所示。开口滑车的夹板可以打开，便于装入绳索，一般都是单门，常用在拔杆脚等处作导向用。滑车按使用方式不同，又可分为定滑车和动滑车两种。定滑车在使用中是固定的，可以改变用力的方向，但不能省力；动滑车在使用中是随着重物移动而移动的，它能省力，但不能改变力的方向。

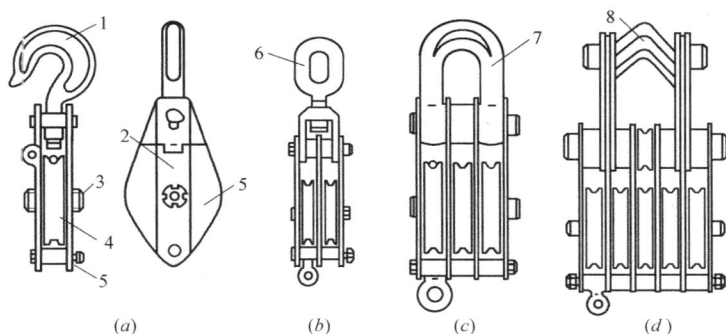

图 2-26　滑车

(a) 单门开口吊钩型；(b) 双门闭口链环型；(c) 三门闭口吊环型；(d) 三门吊梁型

1—吊钩；2—拉杆；3—轴；4—滑轮；5—夹板；6—链环；7—吊环；8—吊梁

(2) 滑车的允许荷载

滑车的允许荷载，可根据滑轮和轴的直径确定，一般滑车上都有标明，使用时应根据其标定的数值选用，同时滑轮直径还应与钢丝绳直径匹配。

双门滑车的允许荷载为同直径单门滑车允许荷载的两倍，三门滑车为单门滑车的 3 倍，以此类推。同样，多门滑车的允许荷载就是它的各滑轮允许荷载的总和。因此，如果知道某一个四门滑车的允许荷载为 20t。则其中一个滑轮的允许荷载为 5t。即对于这四门滑车，若工作中仅用一个滑轮，只能负担 5t；用两个，只能负担 10t，只有 4 个滑轮全用时才能负担 20t。

2.5.2 滑车组

滑车组是由一定数量的定滑车和动滑车及绕过它们的绳索组成的简单起重工具。它能省力也能改变力的方向。

(1) 滑车组的种类

滑车组根据跑头引出的方向不同,可以分为跑头自动滑车引出和跑头自定滑车引出两种。如图 2-27 (a) 所示,跑头自动滑车引出,这时用力的方向与重物移动的方向一致;如图 2-27 (b) 所示,跑头自定滑车绕出,这时用力的方向与重物移动的方向相反。在采用多门滑车进行吊装作业时常采用双联滑车组。如图 2-27 (c) 所示,双联滑车组有两个跑头,可用两台卷扬机同时牵引,其速度快一倍,滑车组受力比较均衡,滑车不易倾斜。

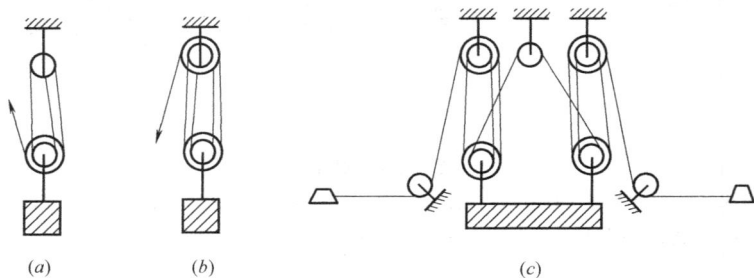

图 2-27 滑车组的种类

(a) 跑头自动滑车绕出;(b) 跑头自定滑车绕出;(c) 双联滑车组

(2) 滑车组绳索的穿法

滑车组中绳索有普通穿法和花穿法两种,如图 2-28 所示。普通穿法是将绳索自一侧滑轮开始,顺序地穿过中间的滑轮,最后从另一侧的滑轮引出,如图 2-28 (a) 所示。滑车组在工作时,由于两侧钢丝绳的拉力相差较大,跑头 7 的拉力最大,第 6根为次,顺次至固定头受力最小,所以滑车在工作中不平稳。如图 2-28 (b) 所示,花穿法的跑头从中间滑轮引出两侧钢丝绳的拉力相差较小,所以能克服普通穿法的缺点。在用"三三"以上的滑车组时，最好用花穿法。滑车组中动滑车上穿绕绳子的根数，习惯上叫"走几"，如动滑车上穿绕三根绳子，叫"走三"，穿绕四根绳子，叫"走四"。

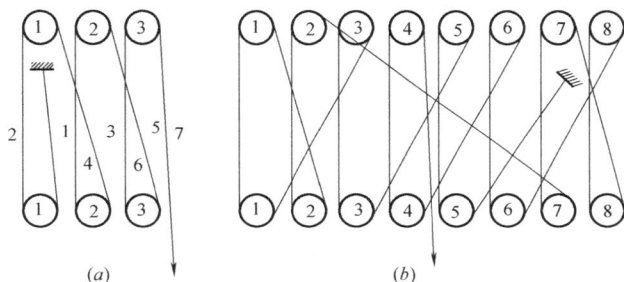

图 2-28　滑车组的穿法
（a）普通穿法；（b）花穿法

2.5.3　滑车及滑车组安全使用要求

（1）使用前应查明标识的允许荷载，检查滑车的轮槽、轮轴、夹板、吊钩（链环）等有无裂缝和损伤，滑轮转动是否灵活。

（2）滑车的吊钩，如有脱钩可能时，应采取措施封口。

（3）滑车组绳索宜采用顺穿法，由三对以上动、定滑轮组成的滑车组应采用花穿法。滑车组穿绕后，应开动卷扬机慢慢将钢丝绳收紧和试吊，检查有无卡绳、磨绳的地方，绳间摩擦及其他部分应运转良好，如有问题，应立即修正。

（4）滑车的吊钩（链环）中心，应与吊物的重心在一条垂线上，以免吊物起吊后不平稳，滑车组上下滑车之间的安全距离不应小于1.5m。

（5）对重要的吊装作业、较高处作业或在起重作业量较大时，不宜采用钩形滑轮，应使用吊环、链环或吊梁形滑轮。

（6）为了提高钢丝绳的使用寿命，滑轮直径最小不得小于钢丝绳直径的 16 倍。

（7）滑车在使用前、后都要刷洗干净，轮轴要加油润滑，防止磨损和锈蚀。

（8）对暂不使用的滑车，应存放在干燥少尘的库房内，下面垫以木板，并应每 3 个月检查保养一次。

2.5.4　滑车的报废

滑车出现下列情况之一的，应予以报废：

（1）滑车上的吊件，发现有裂纹和塑性变形；

（2）滑轮槽磨损深度超过钢丝绳直径的 20%；

（3）轮缘部分有破碎损伤；

（4）轮轴磨损超过轴径的 2%；

（5）滑轮轴套磨损超过壁厚的 10%；

（6）吊钩、吊环、吊梁的危险断面磨损超过 10%。

2.6　链式滑车

2.6.1　链式滑车的类型和用途

链式滑车又称"倒链"、"手拉葫芦"，它适用于小型设备和物体的短距离吊装，可用来拉紧缆风绳，以及用在构件或设备运输时拉紧捆绑的绳索，如图 2-29 所示。链式滑车具有结构紧凑、手拉力小、携带方便、操作简单等优点，它不仅是起重常用的工具，也常用作机械设备的检修拆装工具。

链式滑车可分为环链蜗杆滑车、片状链式蜗滑车杆滑车和片状链式齿轮滑车等。

2.6.2　链式滑车的安全使用要求

（1）使用前需检查传动部分是否灵活，链子和吊钩及轮轴是否有裂纹损伤，手拉链是否有跑链或掉链等现象。

（2）挂上重物后，要均匀和缓地拉动链条，当起重链条受力后再检查各部分有无变化，自锁装置是否起作用，经检查确认各部分情况良好后，方可继续工作。

（3）使用时，拉链方向应与链轮方向相同，防止手拉链脱槽，拉链时力量要均匀，不能过快过猛，不得斜向拽动。

（4）当手拉链拉不动时，应查明原因，不能增加人数猛拉，以免发生事故。

（5）起吊重物中途停止的时间较长时，要将手拉链拴在起重链上，以防时间过长而自锁失灵。

（6）转动部分要经常上油，保证润滑，减少磨损，但切勿将润滑油渗进摩擦片内，以防自锁失灵。

图 2-29　链式

2.7　螺旋扣

螺旋扣又称"花篮螺丝"，是一种通过调节螺丝杆来调节松紧或紧固物品的工具，如图 2-30 所示，其主要用在张紧和松弛拉索、缆风绳等，故又被称为"伸缩节"。其形式有多种，尺寸大小则随负荷轻重而有所不同。其结构形式如图 2-31 所示。

图 2-30　螺旋扣

（1）螺旋扣的安全使用要求：

1）使用时应钩口向下；

2）防止螺纹轧坏；

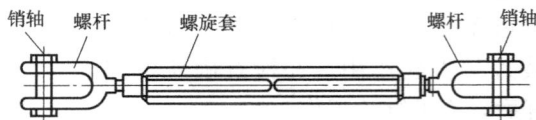

销轴　螺杆　　　　螺旋套　　　　　　螺杆　销轴

图 2-31　螺旋扣结构示意图

3）严禁超负荷使用；

4）长期不用时，应在螺纹上涂好防锈油脂。

（2）当螺旋扣出现下列情况之一时，应予以报废：

1）出现裂纹；

2）变形超过 10°；

3）磨损量超过原尺寸的 10%。

2.8　千斤顶

千斤顶是一种用较小的力将重物提高、降低或移位的简单而方便的起重设备。千斤顶构造简单，使用轻便，便于携带，工作时无振动与冲击，能保证把重物准确地停在一定的高度上，升举重物时，不需要绳索、链条等，但行程短，加工精度要求较高。

2.8.1　千斤顶的分类

千斤顶按结构特征可分为齿条式、螺旋式和液压式三种基本类型。

（1）齿条式千斤顶

齿条式千斤顶又叫起道机，由金属外壳、装在壳内的齿条、齿轮和手柄等组成。在路基路轨的铺设中常用到齿条式千斤顶，如图 2-32 所示。

（2）螺旋千斤顶

螺旋千斤顶常用的是 LQ 型，如图 2-33 所示，它由棘轮组、小锥齿轮、升降套筒、锯齿形螺杆、铜螺母、大锥齿轮、推力轴承、主架、底座等部分组成。

图 2-32 齿条式千斤顶

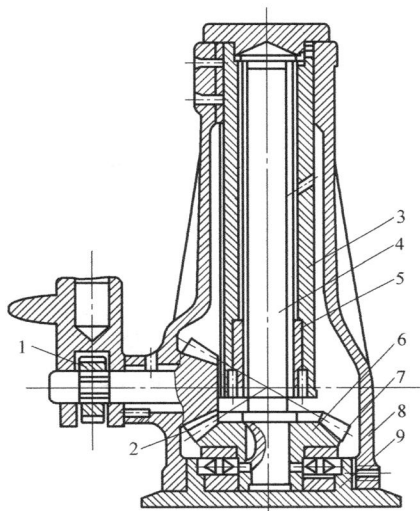

图 2-33 螺旋式千斤顶

1—棘轮组；2—小锥齿轮；3—升降套筒；

4—锯齿形螺杆；5—螺母；6—大锥齿轮；

7—推力轴承；8—主架；9—底座

（3）液压千斤顶

常用的液压千斤顶为 YQ 型，其构造如图 2-34 所示。

2.8.2 千斤顶安全使用要求

（1）千斤顶使用前应拆洗干净，并检查各部件是否灵活，有无损伤，液压千斤顶的阀门、活塞、皮碗是否良好，油液是否干净。

（2）使用时，应放在平整坚实的地面上，如地面松软，应铺设方木以扩大承压面积。设备或物件的被顶点应选择坚实的平面部位并应清洁至无油污，以防打滑，还须加垫木板以免顶坏设备或物件。

（3）在千斤顶的放置过程中，保持荷载重心作用线与千斤顶

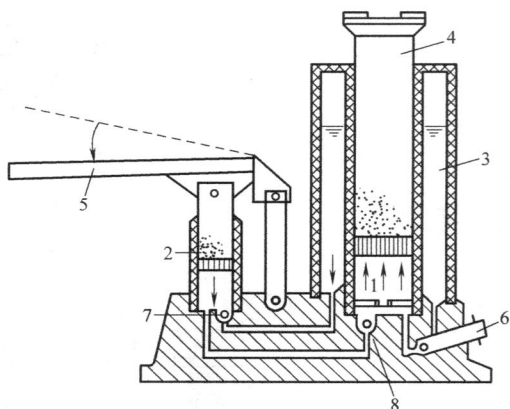

图 2-34 液压千斤顶的构造
1—油室；2—油泵；3—储油腔；4—活塞；5—摇把；
6—回油阀；7—油泵进油门；8—油室进油门

轴线一致，顶升过程中要严防由于千斤顶地基偏沉或荷载水平位移而发生千斤顶偏歪、倾斜的危险。

（4）严格按照千斤顶的额定起重量使用千斤顶，每次顶升高度不得超过活塞上的标志。

（5）在顶升过程中要随时注意千斤顶的平整直立，不得歪斜，严防倾倒，不得任意加长手柄或操作过猛。

（6）操作时，先将物件顶起一点后暂停，检查千斤顶、枕木垛、地面和物件等的情况是否良好，如发现千斤顶和枕木垛不稳等情况，必须处理后才能继续工作。顶升过程中，应设保险垫，并要随顶随垫，其脱空距离应保持在 50mm 以内，以防千斤顶倾倒或突然回油而造成事故。

（7）用两台或两台以上千斤顶同时顶升一个物件时，应选用同一型号的千斤顶，并应保持同步，每台的额定起重量不得小于所分担重量的 1.2 倍。

（8）千斤顶应存放在干燥、无尘土的地方，避免日晒雨淋。

2.9 卷扬机

2.9.1 卷扬机的构造和分类

卷扬机在建筑施工中使用广泛，它可以单独使用，也可以作为其他起重机械的卷扬机构。

卷扬机是由电动机、齿轮减速机、卷筒、制动器等构成。载荷的提升和下降均为一种速度，由电机的正反转控制。

卷扬机按卷筒数分为单筒、双筒、多筒卷扬机；按速度分为快速、慢速卷扬机。常用的有电动单筒和电动双筒卷扬机。如图2-35所示，为一种单筒电动卷扬机的结构示意图。

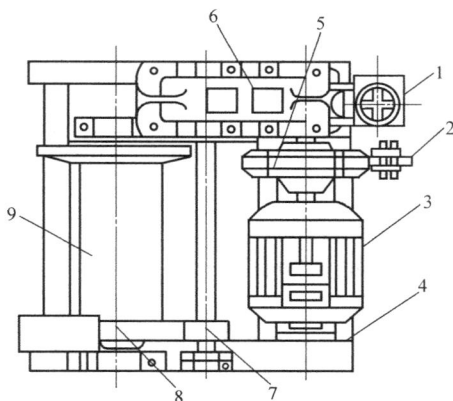

图 2-35 单筒电动卷扬机结构示意图

1—可逆控制器；2—电磁制动器；3—电动机；4—底盘；
5—联轴器；6—减速器；7—小齿轮；8—大齿轮；9—卷筒

2.9.2 常用卷扬机的基本参数

慢速卷扬机的基本参数见表2-7。

快速卷扬机的基本参数见表2-8。

慢速卷扬机基本参数 表 2-7

型式 基本参数	单筒						
钢丝绳额定拉力	3	5	8	12	20	32	50
卷筒容绳量(m)	150	150	400	600	700	800	800
钢丝绳平均速度(m/min)	9~12			8~11		7~10	
钢丝绳直径不小于(mm)	15	20	26	31	40	52	65
卷筒直径 D	$D \geqslant 18d$						

注：$1t = 1 \times 10^3 \times 10N = 10kN$。

快速卷扬机基本参数 表 2-8

型式 基本参数	单筒						双筒			
钢丝绳额定拉力	0.5	1	2	3	5	8	12	20	32	50
卷筒容绳量(m)	100	120	150	200	350	500	150	200	350	500
钢丝绳平均速度(m/min)	30~40		30~35		28~32		30~35		28~32	
钢丝绳直径不小于(mm)	7.7	9.3	13	5	20	25	13	15	20	26
卷筒直径 D	$D \geqslant 18d$									

注：$1t = 1 \times 10^3 \times 10N = 10kN$。

2.9.3 卷扬机的固定和布置

（1）卷扬机的固定

卷扬机必须用地锚予以固定，以防工作时产生滑动或倾覆。根据受力大小，固定卷扬机的方法大致有螺栓锚固法、水平锚固法、立桩锚固法和压重锚固法四种，如图 2-36 所示。

（2）卷扬机的布置

卷扬机的布置（即安装位置）应注意下列几点：

1）卷扬机安装位置周围必须排水畅通并应搭设工作棚；

2）卷扬机的安装位置应能使操作人员看清指挥人员和起吊或拖动的物件，操作者视线仰角应小于 45°；

3）在卷扬机正前方应设置导向滑车，如图 2-37 所示，导向

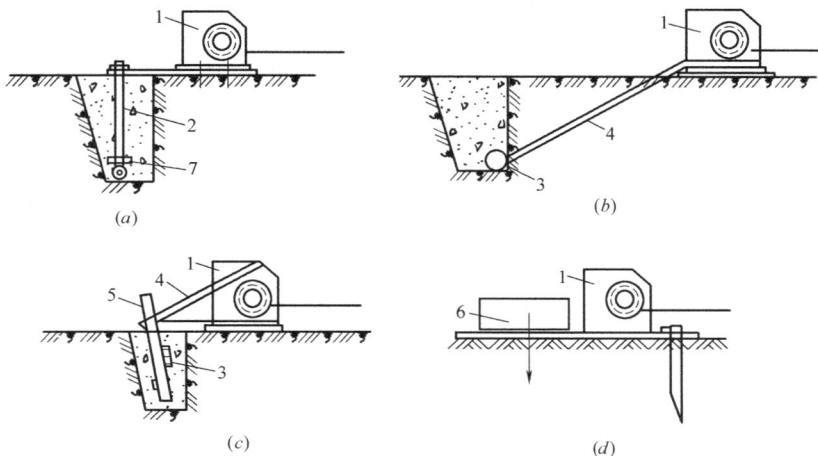

图 2-36　卷扬机的锚固方法

(a) 螺栓锚固法；(b) 水平锚固法；(c) 立桩锚固法；(d) 压重物锚固法

1—卷扬机；2—地脚螺栓；3—横木；4—拉索；5—木桩；6—压重；7—压板

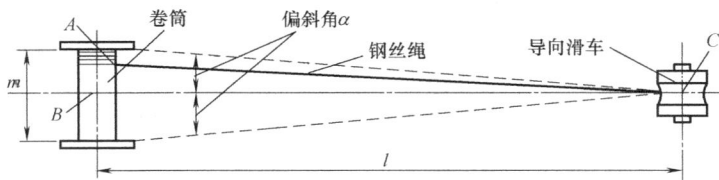

图 2-37　卷扬机的布置

滑轮至卷筒轴线的距离，带槽卷筒应不小于卷筒宽度的 15 倍，即倾斜角 α 不大于 2°，无槽卷筒应大于卷筒宽度的 20 倍，以免钢丝绳与导向滑车槽缘产生过度的磨损；

　　4）钢丝绳绕入卷筒的方向应与卷筒轴线垂直，其垂直度允许偏差为 6°，这样能使钢丝绳圈排列整齐，不致斜绕和互相错叠挤压。

2.9.4　卷扬机安全使用要求

（1）作业前，应检查卷扬机与地面的固定、安全装置、防护设施、电气线路、接零或接地线、制动装置和钢丝绳等，全部合格后方可使用。

（2）使用皮带或开式齿轮的部分，均应设防护罩，导向滑轮不得用开口拉板式滑轮。

（3）正反转卷扬机卷筒旋转方向应在操纵开关上有明确标识。

（4）卷扬机必须有良好的接地或接零装置，接地电阻不得大于4Ω；在一个供电网路上，接地或接零不得混用。

（5）卷扬机使用前，应对各部分详细检查，确保棘轮装置和制动器完好，变速齿轮沿轴转动，啮合正确，无杂音和润滑良好，发现问题，严禁使用。

（6）钢丝绳在卷筒上应逐圈靠紧，排列整齐，严禁互相错叠、离缝和挤压。钢丝绳缠满后，卷筒凸缘应高出2倍及以上钢丝绳直径，钢丝绳全部放出时，钢丝绳在卷筒上保留的安全圈不应少于3圈。

（7）钢丝绳应与卷筒及吊笼连接牢固，不得与机架或地面摩擦，通过道路时，应设过路保护装置。

（8）卷筒上的钢丝绳应排列整齐，当重叠或斜绕时，应停机重新排列，严禁在转动中用手拉脚踩钢丝绳。

（9）作业中，任何人不得跨越正在作业的卷扬钢丝绳。物件提升后，操作人员不得离开卷扬机，物件或吊笼下面严禁人员停留或通过。休息时应将物件或吊笼降至地面。

（10）作业中如发现异响、制动不灵、制动装置或轴承等温度剧烈上升等异常情况时，应立即停机检查，排除故障后方可使用。

（11）作业中停电或休息时，应切断电源，将提升物件或吊笼降至地面，操作人员离开现场应锁好开关箱。

2.10 其他索具

在起重作业中，常使用绳索绑扎、搬运和提升重物，它与取物装置（如吊钩、吊环、卸扣等）组成各种吊具。

2.10.1 白棕绳及尼龙绳

（1）白棕绳

1）白棕绳的用途和特点

白棕绳是起重作业中常用的轻便绳索，具有质地柔软、携带方便和容易绑扎等优点，但其强度比较低。一般白棕绳的抗拉强度仅为同直径钢丝绳的 10% 左右，易磨损。因此，白棕绳主要用于绑扎及起吊较轻的物件和起重量比较小的扒杆缆风绳索。

2）白棕绳的受力计算

为了保证起重作业的安全，白棕绳在使用中所受的极限工作载荷（最大工作拉力）应比白棕绳试验时的破断拉力小，白棕绳的承载力可采用近似法计算。白棕绳的安全系数见表 2-9。

白棕绳的安全系数   表 2-9

用　途	安全系数
一般小型构件(过梁、空心板及 5kN 重以下等构件)	≥6
5kN~10kN 重吊装作业	10
作捆绑吊索	≥12
作缆风绳	≥6

① 近似破断拉力

$$S_{破断} = 50d^2 \qquad (2-7)$$

② 极限工作拉力

$$S_{极限} = S_{破断}/k = 50d^2/k \qquad (2-8)$$

式中：

$S_{破断}$——近似破断拉力（N）；

$S_{极限}$——极限工作拉力（最大工作拉力）（N）；

d——白棕绳直径（mm）；

k——白棕绳安全系数。

【例 2-3】 设采用 φ16mm 白棕绳吊装设备，试用近似法计算其破断拉力和极限工作拉力。

【解】 已知 d＝16mm，查表 2-9 知，k＝10。

$S_{破断}＝50d^2＝50×16^2＝12800N$

$S_{极限}＝50d^2/k＝50×16^2/10＝1280N$

白棕绳的破断拉力和极限工作拉力分别为 12800N 和 1280N。

3）白棕绳安全使用要求

① 应由剑麻的茎纤维搓成，并不得涂油。其规格和破断拉力应符合产品说明书的规定。

② 只可用作受力不大的缆风绳和溜绳等。白棕绳的驱动力只能是人力，不得用机械动力驱动。

③ 穿绕白棕绳的滑轮直径，应大于白棕绳直径的 10 倍。麻绳有结时，不得穿过滑车狭小之处。长期在滑车使用的白棕绳，应定期改变穿绳方向。

④ 整卷白棕绳应根据需要长度切断绳头，切断前应用铁丝或麻绳将切断口扎紧。

⑤ 使用中发生的扭结应立即抖直。当有局部损伤时，应切去损伤部分。

⑥ 当绳长度不够时，应采用编接接长。

⑦ 捆绑有棱角的物件时，应垫木板或麻袋等物。

⑧ 使用中不得在粗糙的构件上或地下拖拉，并应防止砂、石屑嵌入。

⑨ 编接绳头绳套时，编接前每股头上应用绳扎紧，编接后相互搭接长度；绳套不得小于白棕绳直径的 15 倍；绳头不得小于 30 倍。

⑩ 白棕绳应储存在干燥和通风好的库房内，避免受潮或高温烘烤；不得将白棕绳和有腐蚀作用的化学物品（如碱、酸等）接触。

（2）尼龙绳和涤纶绳

1）尼龙绳和涤纶绳的特点

尼龙绳和涤纶绳可用来捆绑、吊运表面粗糙、精度要求高的机械零部件及有色金属制品。

尼龙绳和涤纶绳具有重量轻、质地柔软、弹性好、强度高、耐腐蚀、耐油、不生蛀虫及霉菌、抗水性能好等优点。其缺点是不耐高温，使用中应避免高温及锐角损伤。

2）尼龙绳的受力计算

尼龙绳、涤纶绳的计算公式：

① 近似破断拉力

$$S_{破断} = 110d^2 \qquad (2\text{-}9)$$

② 极限工作拉力

$$S_{极限} = S_{破断}/k = 110d^2/k \qquad (2\text{-}10)$$

式中：

$S_{破断}$——近似破断拉力（N）；

$S_{极限}$——极限工作拉力（最大工作拉力）（N）；

d——尼龙绳、涤纶绳直径（mm）；

k——尼龙绳、涤纶绳安全系数。

尼龙绳、涤纶绳安全系数可根据使用状况和重要程度选取，但不得小于6。

3）尼龙绳在使用过程中，有下列情况的，应予以报废。

① 尼龙绳纤维伸长率高、延伸率偏高、软化、老化、强度明显减弱。

② 尼龙绳绽开、尼龙绳磨断。

③ 尼龙绳琵琶扣两端（含保护套）严重磨损、穿孔、撕断。

④ 纤维表面粗糙易于剥落。

⑤ 尼龙绳表面有过多的点状疏松、腐蚀、酸碱烧损以及热熔化或烧焦。

⑥ 尼龙绳出现焦结和风化。

2.10.2 常用绳索打结方法

绳索在使用过程中打成各式各样的绳结，常用的打结方法参见表2-10。

表 2-10

钢丝绳及白棕绳的结绳法

序号	结绳名称	简图	用途及特点
1	直结（又称平结、交叉结、果子口）	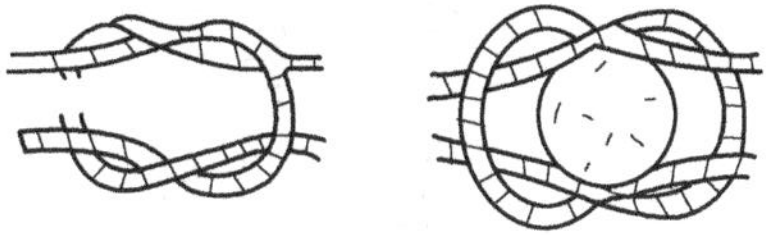	用于白棕绳两端的连接，连接牢固，中间放一短木棒易解
2	活结	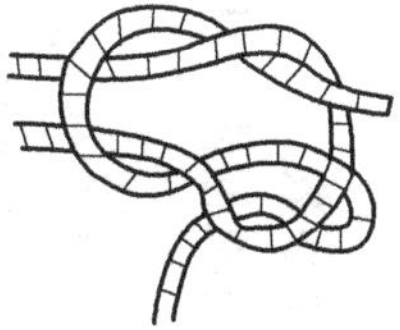	用于白棕绳迅速解开时
3	组合结（又称单帆索结、三角扣及单绕式双插法）	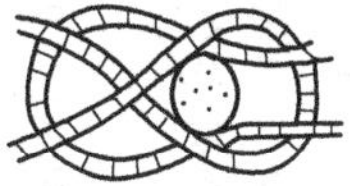	用于钢丝绳或白棕绳的连接。比较易结、易解，也可用于不同粗细绳索两端的连接
4	双重组合结（又称双帆结、多绕式双插结）	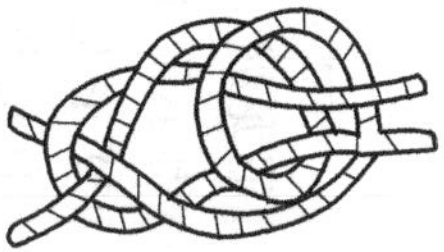	用于白棕绳或钢丝绳两端有拉力时的连接，及钢丝绳端与套环相连接。绳结牢靠

108

序号	结绳名称	简图	用途及特点
5	奎连环结		将钢丝绳或白棕绳绳头与吊绳与环连接在一起时用
6	海员结（又称琵琶结、航海结、滑子扣）		用于白棕绳绳头的固定，系结杆件或是拖拉物件。绳结牢靠，易解，拉紧后不出死结
7	双套结（又称锁圈结）		用途同上，也可作吊索用。结绳牢固可靠，结绳迅速，解开方便，可用于钢丝绳中段打结
8	梯形结（又称八字扣、猪蹄扣、环扣）		在人字及三角桅杆拴拖拉绳，可在绳中段打结，也可拴吊重物，绳圈易扩大和缩小。绳结牢靠又易解

序号	结绳名称	简图	用途及特点
9	拴住结（锚桩结）		（1）用于缆风绳固定端绳结 （2）用于溜松绳结，可以在受力后慢慢放松，活头应该放在下面
10	双梯形结（又称鲁班结）		主要用于拔桩及桅杆绑扎缆风绳等，绳结紧且不易松脱
11	单套结（又称十字结）		用于连接吊索或钢丝绳的两端或固定绳索用
12	双套结（又称双十字结、对结）		用于连接吊索或钢丝绳的两端，固定绳端

序号	结绳名称	简图	用途及特点
13	抬扣（又称杠棒扣）		以白棕绳搬运轻量物件时用，抬起重物时自然缩紧。结绳、解绳迅速
14	死结（又称死圈扣）		用于重物吊装捆绑，方便牢固可靠
15	水手结		用于吊索直接系结杆件起吊，可自动勒紧，容易解开绳索

序号	结绳名称	简图	用途及特点
16	瓶口接		用于栓绑起吊圆柱形杆件。特点是愈拉愈紧
17	桅杆结		用于树立桅杆。牢固可靠
18	挂钩结		用于起重吊钩上，特点是结识方便，不易脱钩
19	抬缸结		用于抬缸或吊运圆桶物件

2.10.3 吊索

吊索是用钢丝绳或合成纤维等为原料做成的用于吊装的绳索，又称千斤索、千斤绳。在建筑行业中主要用于绑扎构件以便起吊，其型式大致可分为可调捆绑式吊索、无接头吊索、压制吊索、编制吊索和钢坯专用吊索五种。如图 2-38 所示。还有一种是一、二、三、四腿钢丝绳钩成套吊索，如图 2-39 所示。

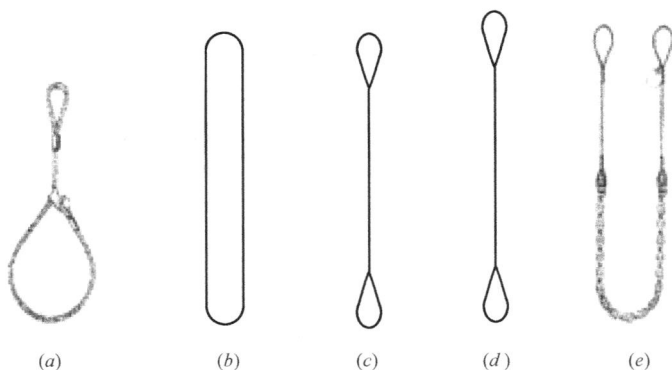

| (a) | (b) | (c) | (d) | (e) |

图 2-38 吊索

(a) 可调捆绑式吊索；(b) 无接头吊索；(c) 压制吊索；

(d) 编制吊索；(e) 钢坯专用吊索

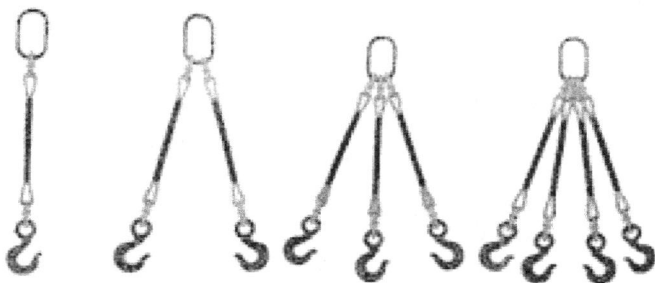

图 2-39 一、二、三、四腿钢丝绳钩成套吊索

编制吊索主要采用挤压插接法进行编制，此办法适用于普通捻六股钢丝绳吊索的制作。办法如下：

端头解开长度约为350mm左右。如图2-40所示，用锥子在甲绳的1、6股间穿过，在3、4股间穿出，把乙绳上面的第一股子绳插入、拔出，再将锥子从2、3股间插入，在1、6股间穿出，把乙绳上面的第三股子绳插入。这样，就形成了三股子绳插编在甲绳内，三股子绳在甲绳外。然后，将六股子绳一把抓牢，用锥子的另一头敲打甲绳，使甲绳和乙绳收紧，此时，开始编插。插编时，先将第六股子绳作为第一道编绕，一般为插编五花，当插编第一根子绳时，开头一花一定要收紧，以防止千斤头太松。紧接着即是5、4、3、2、1顺序编结，当六股子绳插编完成，即形成钢丝绳千斤头，把多余的各股钢丝绳头割去，便告完成。

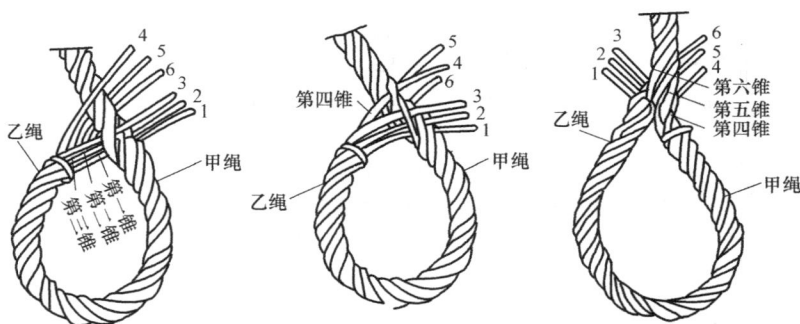

图2-40　钢丝绳绳索插接

目前插编钢丝绳索具也有采用专业的钢丝绳索具深加工设备，根据钢丝绳的捻股，合绳工艺，单股多次插编而成，如图2-41所示。

吊索的安全使用要求：

1. 使用新购置的吊索前应检查其合格证，并试吊，确认安全；无标记的吊索具未经确认，不得使用。

2. 作业时必须根据吊物的重量、体积、形状确认吊点并选

图 2-41 吊索机械编结

用合适的吊索。

3. 严禁超负荷使用吊索具。

4. 吊索组合部件要求定期检查。

5. 吊装方形、棱角构件时，必须加护铁，不得让吊索与构件棱角直接接触。

6. 吊装板材注意事项：

1）吊装面积大于 $6m^2$ 的钢板时，不得使用钢板卡，必须焊吊耳。

2）制作吊耳所用板材厚度不得小于 16mm。

3）吊装长度大于 6m 的钢板必须使用吊装扁担。

4）在吊装 2 块或 2 块以上的板材时，必须使用卡具或专用工具。

7. 禁止单根吊索吊装。

8. 在吊运构件时，构件严禁从其他工人头顶越过。

2.10.4 合成纤维吊装带

起重吊具合成纤维吊装带也称扁平编织吊装带，如图 2-42 所示。其主要材料为聚酰胺、聚酯、聚丙烯等，具有强度高、不易对吊运物表面形成损伤的吊装材料。

合成纤维吊装带的标准宽度系列为：25、35、50、75、100、

图 2-42　合成纤维吊装带

150、200、300mm。其安全工作载荷为 10000~500000N。在使用时，应根据吊装带的额定载荷数据及吊装方式来决定所吊装的最大安全工作载荷。常用的合成纤维吊装带分 A 型、B 型、C 型三种。

（1）吊装带的安全使用要求：

1）每次使用前应进行认真检查，查明允许拉力，严禁超负荷使用；

2）不要集中使用不带保护的拴接吊运方式；

3）不要将软环同任何可能对它造成损坏的装置连接起来。软环连接的吊运装置应是：

① 平滑的、无任何尖锐的边缘；

② 其尺寸和形状不应撕开缝合处或使带子负载过重。

4）在吊运中严格遵守下列措施：

① 在移动吊带和货物时，不要拖曳；

② 禁止用打结的方式来连接或接长吊带；

③ 在承载时，不要使之打拧；

④ 不要使用没有护套的吊带承载有尖角、棱边的物体；

⑤ 不允许长时间悬挂物件。

5）吊运过程中不得改变受载状况，如需几支吊带同时使用时，尽可能将载荷均匀分布在每支吊带上；

6）吊带被弄脏或在有酸、碱倾向环境中使用后，应立即用水冲洗干净；

7）应储存在干燥和通风好的库房内，避免受潮或高温烘烤；

8）严禁随意修复损坏的吊带；

9）因吊装带属于化纤产品，过高的温度对合成纤维吊装带的伤害甚至是破坏性的，特别是在有焊接操作的场所，要防止电焊产生的火花烫伤吊带。

（2）合成纤维吊装带的报废：

1）吊装带表面出现损坏，如被尖物划伤，边缘割断等；

2）吊装带原有颜色改变较大；

3）软环缝合处出现撕开；

4）吊装带粗细出现变化＞5％；

5）吊装带长度出现变化＞3％；

6）存放超过1年未使用。

3 常用起重机械

3.1 起重机械的分类及基本参数

3.1.1 起重机械分类

根据《特种设备目录》（2014 年第 114 号）规定：起重机械，是指用于垂直升降或者垂直升降并水平移动重物的机电设备，其范围规定为额定起重量大于或者等于 0.5t 的升降机；额定起重量大于或者等于 3t（或额定起重力矩大于或者等于 40t·m 的塔式起重机，或生产率大于或者等于 300t/h 的装卸桥），且提升高度大于或者等于 2m 的起重机；层数大于或者等于 2 层的机械式停车设备。

起重机械特种设备目录　　　　　　表 3-1

类　别	品　种	代　码
桥式起重机	通用桥式起重机	4110
	防爆桥式起重机	4130
	绝缘桥式起重机	4140
	冶金桥式起重机	4150
	电动单梁起重机	4170
	电动葫芦桥式起重机	4190
门式起重机	通用门式起重机	4210
	防爆门式起重机	4220
	轨道式集装箱门式起重机	4230

类　　别	品　　种	代　　码
门式起重机	轮胎式集装箱门式起重机	4240
	岸边集装箱起重机	4250
	造船门式起重机	4260
	电动葫芦门式起重机	4270
	装卸桥	4280
	架桥机	4290
塔式起重机	普通塔式起重机	4310
	电站塔式起重机	4320
流动式起重机	轮胎起重机	4410
	履带起重机	4420
	集装箱正面吊运起重机	4440
	铁路起重机	4450
门座式起重机	门座起重机	4710
	固定式起重机	4760
升降机	施工升降机	4860
	简易升降机	4870
缆索式起重机		4900
桅杆式起重机		4A00
机械式停车设备		4D00

　　建筑施工现场主要使用的起重机类型为塔式起重机、流动式起重机、施工升降机三种。其中，流动式起重机主要有轮胎式和履带式。如图 3-1 所示，为施工现场常用的塔式起重机、汽车起重机、履带起重机。

3.1.2　起重机的基本参数

　　起重机的基本参数，是表征起重机工作性能的指标，也是施工现场选用起重机械的主要技术依据，它包括：起重量、起升高

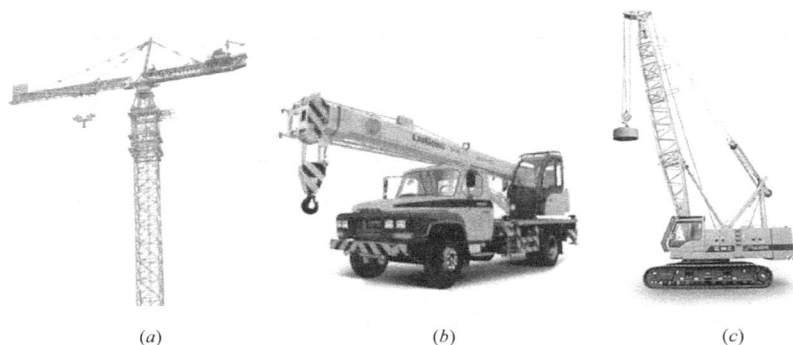

(a)　　　　　　　　(b)　　　　　　　　(c)

图 3-1　施工现场常用的起重机

(a) 塔式起重机；(b) 汽车起重机；(c) 履带起重机

度、起重力矩、幅度、工作速度、结构重量和结构尺寸等。

（1）起重量

起重量是吊钩能吊起的重量，其中包括吊索、吊具及容器的重量。起重机允许起升物料的最大起重量称为额定起重量。通常情况下所讲的起重量，都是指额定起重量。

对于幅度可变的起重机，如塔式起重机、汽车起重机，履带起重机、门座起重机等臂架型起重机，起重量因幅度的改变而改变，因此每台起重机都有自己本身的起重量与起重幅度的对应表，称起重特性表。如表 3-2 所示为某公司 QTZ80 型塔式起重机起重特性表。根据两者关系所作的坐标曲线图称为特性曲线图。如图 3-2 所示为某公司 QTZ80 型塔式起重机起重特性曲线。

某 QTZ80 型塔式起重机起重特性　　　　表 3-2

R(m)	2.5~14.17			15	18	20	25	26.08	30	32	34
$\alpha=2$	3000								2532	2338	2168
$\alpha=4$	6000			5618	4537	4004	3056	2900	2432	2238	2068
R(m)	36	38	40	42	45	48	50	52	54	56	60
$\alpha=2$	2017	1882	1761	1651	1506	1379	1303	1233	1168	1108	1000
$\alpha=4$	1917	1782	1661	1551	1406	1279	1203	1133	1068	1008	900

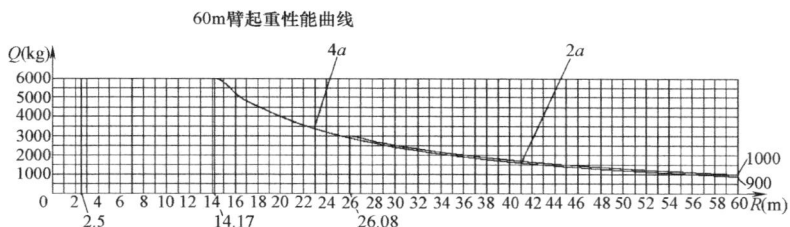

图 3-2　某 QTZ80 型塔式起重机起重特性曲线

在起重作业中，了解起重设备在不同幅度处的额定起重量非常重要，在已知所吊物体重量的情况下，根据特性表和曲线就可以得到起重的安全作业距离（幅度）。

（2）起重力矩

起重量与相应幅度的乘积称为起重力矩，惯用计量单位为吨·米（t·m），标准计量单位为 kN·m。换算关系：1t·m＝10kN·m。额定起重力矩是起重机工作能力的重要参数，它是起重机工作时保持其稳定性的控制值。起重机的起重量随着幅度的增加而相应递减。

（3）起升高度

起重吊具最高和最低工作位置之间的垂直距离称为起升范围。起重吊具的最高工作位置与起重机的水准地平面之间的垂直距离称为起升高度，也称吊钩有效高度。塔式起重机起升高度为混凝土基础表面（或行走轨道顶面）到吊钩的垂直距离。

（4）幅度

起重机置于水平场地时，空载吊具垂直中心线至回转中心线之间的水平距离称为幅度，当臂架倾角最小或小车离起重机回转中心距离最大时，起重机幅度为最大幅度；反之为最小幅度。

（5）工作速度

工作速度，按起重机工作机构的不同主要包括起升（下降）速度、起重机（大车）运行速度、变幅速度、回转速度等。

121

1）起升（下降）速度，是指稳定运动状态下，额定载荷的垂直位移速度（m/min）；

2）起重机（大车）运行速度，是指稳定运行状态下，起重机在水平路面或轨道上，带额定载荷的运行速度（m/min）；

3）变幅速度，是指稳定运动状态下，吊臂挂最小额定载荷在变幅平面内从最大幅度至最小幅度的水平位移平均速度（m/min）；

4）回转速度，是指稳定运动状态下，起重机转动部分的回转速度（r/min）。

（6）结构重量

起重机的各部件的重量，是起重机械运行、通过、组装时的重要数据。

（7）结构尺寸

移动式起重机的结构尺寸可分为行驶尺寸、运输尺寸和工作尺寸，可保证起重机械的顺利转场和工作时的环境适应。固定式起重机的外形尺寸是考虑环境影响的重要依据，例如塔式起重机的尾部与周围建筑物及其外围施工设施之间的安全距离不小于 0.6m。

3.2　塔式起重机

塔式起重机主要用于房屋建筑施工中物料的垂直和水平输送及建筑构件的安装。塔式起重机简称塔机，亦称塔吊，在高层建筑施工中是不可缺少的施工机械。

塔式起重机的独立式起升高度一般为 40~60m，外附着式和内爬式起升高度随着建筑物高度可升高至 400m 以上，一般的回转半径在 30~70m 左右。塔式起重机在施工现场的应用大大减轻了建筑工人的劳动强度，提高了生产效率。

3.2.1　塔式起重机型号含义

根据国家建筑机械与设备产品型号编制方法的规定，塔式起重机的型号标识有明确的规则。如 QTZ80C 表示如下含义：

Q—起重，汉语拼音的第一个字母；

T—塔式，汉语拼音的第一个字母；

Z—自升，汉语拼音的第一个字母；

80—额定起重力矩（t·m）；

C—更新、变型代号。

其中，更新、变型代号用英文字母表示；主要参数代号用阿拉伯数字表示，它等于塔式起重机额定起重力矩（单位：kN·m）×10^{-1}；组、型、特性代号含义如下：

QT—上回转塔式起重机；

QTZ—上回转自升塔式起重机；

QTA—下回转塔式起重机；

QTK—快装塔式起重机；

QTQ—汽车塔式起重机；

QTL—轮胎塔式起重机；

QTU—履带塔式起重机；

QTH—组合塔式起重机；

（QTP—内爬升式塔式起重机）；

（QTG—固定式塔式起重机）。

目前，许多塔式起重机厂家采用国外的标记方式进行编号，即用塔式起重机最大臂长（m）与臂端（最大幅度）处所能吊起的额定重量（kN）两个主参数来标记塔式起重机的型号，如 TC5013A，其含义：

T—塔的英语单词第一个字母（Tower）；

C—起重机的英语单词第一个字母（Crane）；

50—最大臂长 50m；

13—臂端起重量 13kN；

A—设计序号。

另外，也有个别塔式起重机生产厂家根据企业标准编制型号。

3.2.2 塔式起重机的分类及特点

（1）塔式起重机的分类

塔式起重机的分类方式有多种，从其主体结构与外形特征考虑，基本可按架设形式、变幅方式、臂架结构型式、回转方式和基础特征区分。

1）按架设方式

塔式起重机分为快装式塔式起重机和非快装式塔式起重机。

2）按变幅方式

塔式起重机按变幅方式分为动臂变幅式塔式起重机和小车变幅式塔式起重机。

动臂变幅式塔式起重机是靠起重臂仰俯来实现变幅的，如图3-3（a）所示。其优点是：能充分发挥起重臂的有效高度，缺点

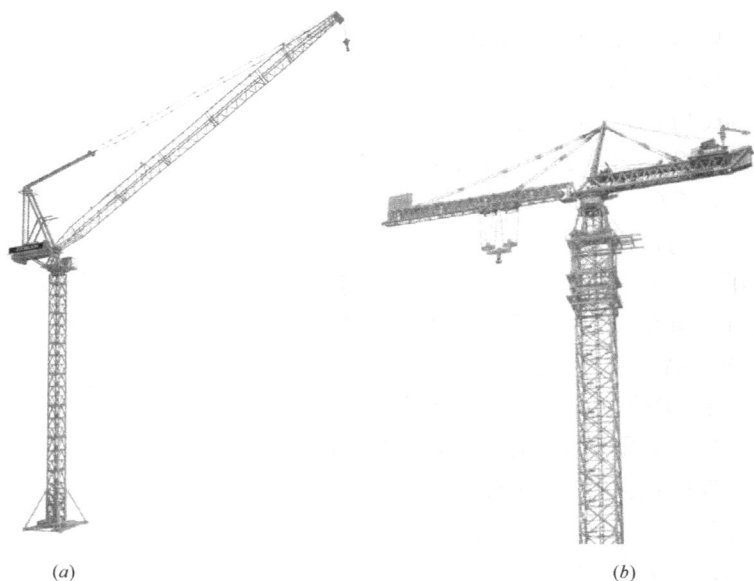

（a）
（b）

图 3-3 塔式起重机按变幅方式分类
（a）动臂变幅式；（b）小车变幅式

是最小幅度被限制在最大幅度的 30% 左右，不能完全靠近塔身。小车变幅式塔式起重机是靠水平起重臂轨道上安装的小车行走实现变幅的，如图 3-3（b）所示。其优点是：变幅范围大，牵引小车可驶近塔身，能带负荷变幅。

3）按臂架结构型式

小车变幅式塔式起重机按臂架结构型式分为定长臂小车变幅塔式起重机和伸缩臂小车变幅塔式起重机。按臂架支承型式小车变幅式塔式起重机又可分为非平头式（尖头式、锤头式）塔式起重机和平头式塔式起重机。图 3-4（a）、（c）、（d）、（e）所示为

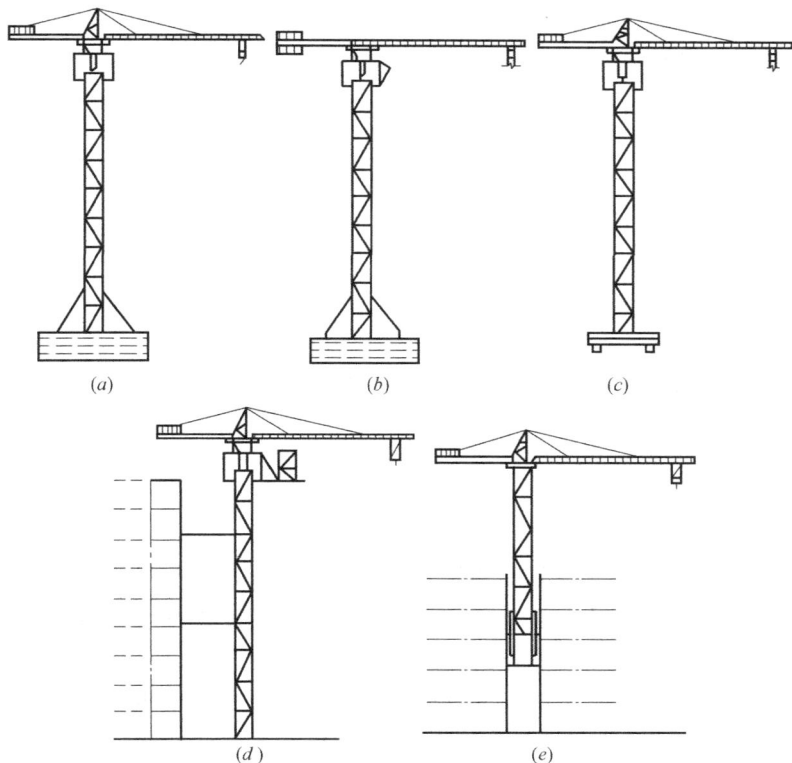

(a)   (b)   (c)

(d)   (e)

图 3-4　塔式起重机型式

（a）、（b）、（d）固定式；（c）轨道式；（e）内爬式

非平头式塔式起重机；图 3-4（b）所示为平头式塔式起重机。

平头式塔式起重机最大特点是无塔帽和臂架拉杆。由于臂架采用无拉杆式，此种设计型式很大程度上方便了空中变臂、拆臂等操作，避免了空中拆装拉杆的复杂性及危险性。

动臂变幅塔式起重机按臂架结构型式分为定长臂动臂变幅塔式起重机与铰接臂动臂变幅塔式起重机。

4）按回转方式

塔式起重机按回转方式分为上回转式塔式起重机和下回转式塔式起重机两类，如图 3-5 所示。

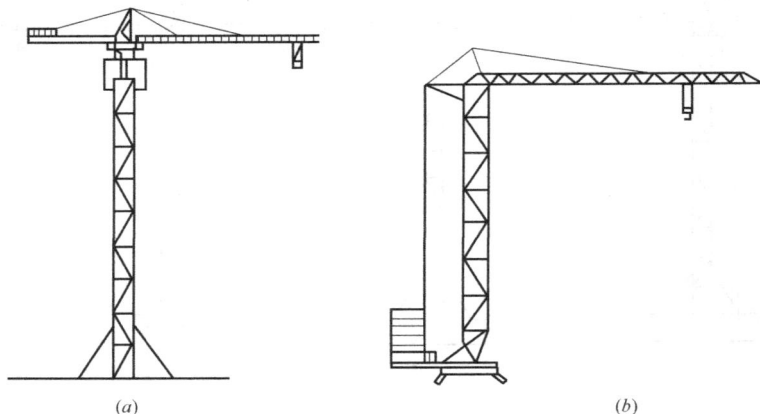

（a）   （b）

图 3-5　塔式起重机按回转方式分类
（a）上回转式；（b）下回转式

上回转式塔式起重机将回转支承、平衡重、主要机构等均设置在上端，其优点是：能够附着，达到较高的工作高度，由于塔身不回转，可简化塔身下部结构、顶升加节方便。

下回转式塔式起重机将回转支承、平衡重、主要机构等均设置在下端，其优点是：塔身所受弯矩较小，重心低，稳定性好，安装维修方便，缺点是对回转支承要求较高，使用高度受到限制。

5）按基础特征

非快装式塔式起重机按基础特征分为固定式和轨道运行式塔机，固定式塔机又可分为外附着式和内爬式塔机，如图 3-4 所示。

（2）塔式起重机的性能参数

塔式起重机的主要技术性能参数包括：起重力矩、起重量、幅度、自由高度（独立高度）、最大高度等。其他参数包括：工作速度、结构重量、尺寸、（平衡臂）尾部尺寸及轨距轴距等。

（3）塔式起重机的特点

1）工作高度高，有效起升高度大，特别有利于分层、分段安装作业，能满足建筑物垂直运输的全高度；

2）塔式起重机的起重臂较长，其水平覆盖面广；

3）塔式起重机具有多种工作速度、多种作业性能，生产效率高；

4）塔式起重机的驾驶室一般设在与起重臂同等高度的位置，司机的视野开阔；

5）塔式起重机的构造较为简单，维修、保养方便。

3.2.3 塔式起重机的结构组成及原理

塔式起重机由金属结构、工作机构、电气系统和安全装置等组成。

（1）金属结构，由起重臂、平衡臂、塔帽、回转总成、顶升套架、塔身、底架（行走式）和附着装置等组成。图 3-6 为小车变幅式塔式起重机的结构示意图。

（2）工作机构，包括起升机构、行走机构、变幅机构、回转机构、液压顶升机构等。

1）起升机构

① 起升机构的组成

塔式起重机的起升机构是一种卷扬机构，由电动机、联轴器、变速箱、卷筒、制动器和机架等组成。起升系统通常由起升

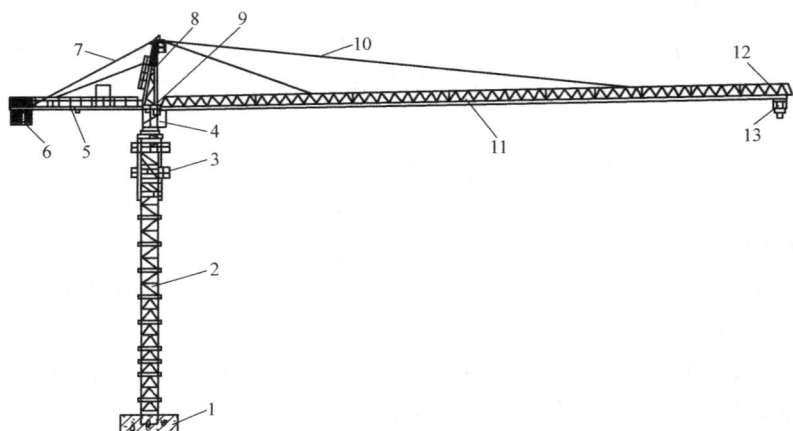

图 3-6　小车变幅尖头式塔式起重机结构示意图

1— 基础；2—塔身；3—顶升套架；4—司机室；5—平衡臂；
6—平衡重；7—平衡臂拉杆；8—塔帽；9—上、下支座；
10—起重臂拉杆；11—起重臂；12—牵引小车；13—吊钩

机构、钢丝绳、滑轮组及吊钩等组成。电机通电后通过联轴器带动变速箱进而带动卷筒转动，电机正转时，卷筒放出钢丝绳；电机反转时，卷筒收回钢丝绳，通过滑轮组及吊钩把重物提升或下降，图 3-7 为某机型塔式起重机起升机构钢丝绳穿绕示意图。

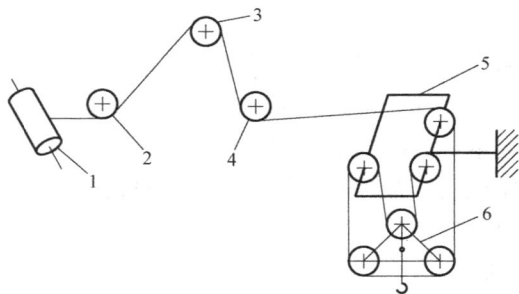

图 3-7　某机型塔式起重机起升机构钢丝绳穿绕示意图

1— 起升卷扬机；2—排绳滑轮；3—塔帽导向轮；4—回转塔身起重量限制器滑轮；5—牵引小车滑轮组；6—吊钩滑轮组

② 起升机构滑轮组倍率

起升机构中常采用滑轮组、通过倍率的转换来改变起升速度和起重量，塔式起重机滑轮组倍率大多采用 2、4 或 6。当使用大倍率时，可获得较大的起重量，但降低了起升速度；当使用小倍率时，可获得较快的起升速度，但降低了起重量。

③ 起升机构的调速

起升机构有多种速度，在轻载、空载以及起升高度较大时，均要求有较高的工作速度，以提高工作效率；在重载、运送大件物品以及被吊重物就位时，为了安全可靠和准确就位，要求较低工作速度。起升机构的调速分为有级调速（又可分为机械换挡和电气换挡）和无级调速两类。

各种不同的速度档位对应于不同的起重量，以符合重载低速、轻载高速的要求。为了防止起升机构发生超载事故，有级变速的起升机构对载荷升降过程中的换挡应有明确的规定，并应设有相应的载荷限制安全装置，如起重量限制器上应按照不同档位的起重量分别设置行程开关。

2）变幅机构

塔式起重机的变幅机构也是一种卷扬机构，由电动机、变速箱、卷筒、制动器和机架组成。塔式起重机的变幅方式基本上有两类：一类是起重臂为水平形式，牵引小车沿起重臂上的轨道移动而改变幅度，称为小车变幅式；另一类是利用起重臂俯仰运动而改变臂端吊钩的幅度，称为动臂变幅式。

某机型塔机小车变幅机构，如图 3-8 所示。某机型小车变幅钢丝绳穿绕，如图 3-9 所示。

3）回转机构

塔式起重机回转机构为与回转支承相啮合并驱动塔机作水平旋转运动的装置。某机型塔机回转机构示意图如图 3-10 所示。

塔式起重机回转机构具有调速和制动功能，调速系统主要有涡流制动绕线电机调速、多档速度绕线电机调速、变频调速和电磁联轴节调速等，后两种可以实现无级调速。

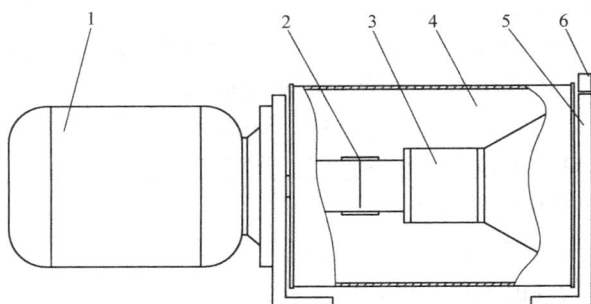

图 3-8　某机型变幅机构示意图

1—电动机；2—联轴器；3—减速机；4—卷筒；5—机架；6—限位器

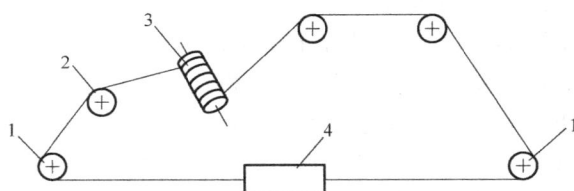

图 3-9　某机型小车变幅钢丝绳穿绕示意图

1—臂端导向轮；2—导向轮；3—变幅卷筒；4—牵引小车

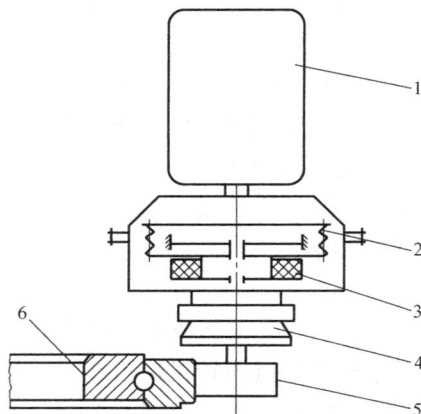

图 3-10　某机型回转机构示意图

1—电动机；2—液力耦合器；3—制动器；4—变速箱；5—小齿轮；6—回转支承

塔式起重机的起重臂较长，迎风面较大，风载产生的扭矩大。因此，塔式起重机的回转机构一般采用常开式制动器，即在非工作状态下，制动器松闸、使起重臂可以随风向自由转动、臂端始终指向顺风的方向。

4）行走机构

行走机构的作用是驱动塔式起重机沿轨道行驶，只有移动式塔式起重机有此机构。行走机构由电动机、减速箱、制动器、行走轮和台车等组成。

5）液压顶升机构

由液压泵站、液压缸、阀等液压元器件组成的传动装置，用于增加或降低上回转塔机的工作高度。某机型塔机液压顶升系统示意图如图3-11所示。

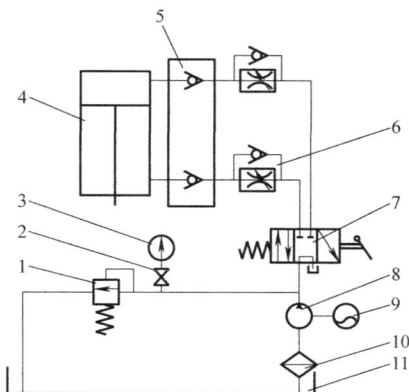

图 3-11　某机型液压顶升系统图

1—溢流阀；2—压力表开关；3—压力表；4—顶升油缸；
5—双向液压锁；6—单向节流阀；7—手动换向阀；
8—齿轮泵；9—电机；10—滤油器；11—油箱

（3）电气系统

塔式起重机的电气系统由电源、电气设备、导线和低压电器组成，电源经过电缆由配电箱向上接至操作室开关盒内的空气开关，再到电气控制柜，由设在操作室内的万能转换开关或联动台发生主令信号，对塔式起重机各机构进行操作控制。

1）塔式起重机的电源

塔式起重机的电源一般采用 380V、50Hz 三相交流电源，TN-S 系统（工作零线与保护零线分开设置的接零保护系统，俗称三相五线制）供电。供电线路的零线应与塔机的接地线严格分开。塔机电源要从专用配电箱（开关箱）中引取，以符合"一机一箱一闸一保护"的规定，并在专用配电箱处做好保护零线的重复接地，电气设备的金属外壳必须与保护零线（PE 线）连接。工作零线一般用在塔式起重机的照明等交流 220V 的电气回路中。

在施工现场专用变压器的供电的 TN-S 接零保护系统中，电气设备的金属外壳必须与保护零线连接。保护零线应由工作接地线、配电室（总配电箱）电源侧零线或总漏电保护器电源侧零线处引出。TN 系统中的保护零线除必须在配电室或总配电箱处做重复接地外，还必须在配电系统的中间处和末端处做重复接地。

2）塔式起重机的电路

① 主电路：主电路是指从供电电源通向电动机或其他大功率电气设备的电路，主电路上流过的电流从几安培到几百安培不等，此电路还包括连接电机或者大功率电气设备的开关，接触器、控制器等电器元件。

② 控制电路：控制电路中有接触器和继电器的线圈、触头、按钮、电铃、限位器以及其他小功率电器元件等。

③ 辅助电路：辅助电路包括照明电路、信号电路、电热采暖电路等。照明电路包括塔式起重机上下各种照明灯具和控制开关。辅助电路可以根据不同情况与主电路或控制电路相连。

3）电气设备

塔式起重机的电气设备包括电机、控制电器（接触器、继电器、制动器）、保护电器（空气开关、限位开关，漏电保护器），电阻器、配电柜、连接线路等。

（4）塔式起重机的安全装置

安全装置是塔式起重机的重要装置，其作用是使塔式起重机在允许载荷和工作空间中安全运行，保证设备和人身的安全。

1）起升高度限位器

起升高度限位器是用以防止吊钩行程超越极限，以免碰坏起重机臂架结构和出现钢丝绳乱绳现象的装置。

对动臂变幅的塔机，当吊钩装置顶部升至起重臂下端的最小距离为 800mm 处时，应能立即停止起升运动，对没有变幅重物平移功能的动臂变幅的塔机，还应同时切断向外变幅控制回路电源，但应有下降和向内变幅运动。

对小车变幅的塔机，吊钩装置顶部升至小车架下端的最小距离为 800mm 处时，应能立即停止起升运动，但应有下降运动。

图 3-12　某机型起升高度限位器图

2）幅度限位器

对动臂变幅的塔机，应设置幅度限位开关，在臂架到达相应的极限位置前开关动作，停止臂架再往极限方向变幅。

对小车变幅的塔机，应设置小车行程限位开关和终端缓冲装置。限位开关动作后应保证小车停车时其端部距缓冲装置最小距离为 200mm。

3）动臂变幅幅度限制装置

对动臂变幅的塔机，应设置臂架极限位置的限制装置。该装置应能有效防止臂架向后倾翻。

图 3-13 某机型幅度限位器图

4）回转限位器

对回转处不设集电器供电的塔机，应设置正反两个方向回转限位开关，开关动作时臂架旋转角度应不大于±540°。

图 3-14 某机型回转限位器图

5）运行（行走）限位器

对于轨道运行的塔机，每个运行方向应设置限位装置，其中包括限位开关、缓冲器和终端止挡。应保证开关动作后塔机停车时其端部距缓冲器最小距离为 1000mm，缓冲器距终端止挡最小距离为 1000mm。

6）起重力矩限制器和起重量限制器

当起重力矩大于相应幅度额定值并小于额定值 110％时，应停止上升和向外变幅动作。力矩限制器控制定码变幅的触点和控制定幅变码的触点应分别设置，且能分别调整。对小车变幅的塔机，其最大变幅速度超过 40 m/min，在小车向外运行，且起重

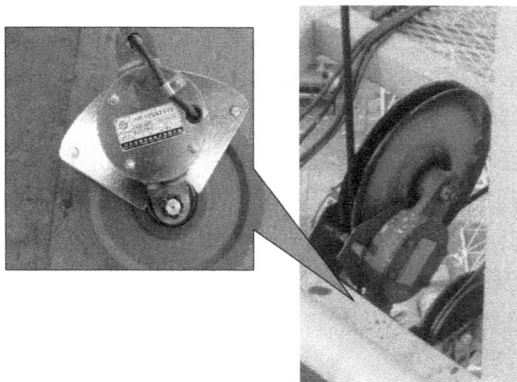

图 3-15　某机型起重量限制器图

图 3-16　某机型起重力矩限制器图

力矩达到额定值的 80％时，变幅速度应自动转换为不大于 40m/min 的速度运行。

当起重量大于最大额定起重量并小于 110％额定起重量时，应停止上升方向动作，但应有下降方向动作。具有多档变速的起升机构，限制器应对各档位具有防止超载的作用。

7）小车断绳保护装置

对小车变幅塔机应设置双向小车变幅断绳保护装置。用以防止牵引小车牵引绳断裂导致小车失控。

8）小车防坠落装置

对小车变幅塔机应设置小车防坠落装置，即使车轮失效小车也不得脱离臂架坠落，装置应在失效点下坠 10mm 前作用。用以防止因牵引小车车轮失效而导致小车脱离臂架坠落。

9）钢丝绳防脱装置

用来防止滑轮、起升卷筒及动臂变幅卷筒等钢丝绳脱离滑轮或卷筒。

起升与变幅滑轮的入绳和出绳切点附近、起升卷筒及动臂变幅卷筒均应设有钢丝绳防脱装置，该装置表面与滑轮或卷筒侧板外缘间的间隙不应超过钢丝绳直径的 20％，装置可能与钢丝绳接触的表面不应有棱角。

图 3-17　某机型牵引小车滑轮钢丝绳防脱装置图

10）爬升装置防脱功能

用以防止自升式塔式起重机在正常加节、降节作业时，顶升装置从塔身支承中或油缸端头的连接结构中自行脱出。

11）抗风防滑装置（轨道止挡装置）

用以防止行走式塔式起重机在遭遇大风时自行滑行，造成倾翻。

12）报警装置

用以在塔式起重机载荷达到规定值时，向塔式起重机司机自动发出声光报警信息。

13）显示记录装置

用以以图形或字符方式向司机显示塔式起重机当前主要工作参数和额定能力参数。

显示的工作参数一般包含当前工作幅度、起重量和起重力矩，额定能力参数一般包含幅度及对应的额定起重量和额定起重力矩。

14）风速仪

用以发出风速警报，提醒塔式起重机司机及时采取防范措施。

15）工作空间限制器

对单台塔式起重机，用以限制

图 3-18　某机型风速仪图

塔式起重机进入某些特定的区域或进入该区域后不允许吊载；对群塔，用以限制塔式起重机的回转、变幅和运行区域，以防止塔式起重机间机构、起升绳或吊重发生相互碰撞。

3.2.4　塔式起重机安全操作要求

（1）作业前，应进行空载运转，试验各工作机构是否运转正常，有无噪声及异响，各机构的制动器及安全防护装置是否有效，确认正常后方可作业。

（2）起吊重物时，重物和吊具的总重量不得超过起重机相应幅度下规定的起重量。

（3）应根据起吊重物和现场情况，选择适当的工作速度，操纵各控制器时应从停止点（零点）开始，依次逐级增加速度，严禁越档操作。在变换运转方向时，应将控制器手柄扳到零位，待电动机停转后再转向另一方向，不得直接变换运转方向、突然变速或制动。

（4）在吊钩提升、牵引小车或行走大车运行到限位装置前，均应减速缓行到停止位置，并应与限位装置保持一定距离（吊钩不得小于 1m，行走轮不得小于 2m）。严禁采用限位装置作为停止运行的控制开关。

（5）动臂式塔式起重机的起升，回转、行走可同时进行，变幅应单独进行。每次变幅后应对变幅部位进行检查。允许带载变幅的，当载荷达到额定起重量的 90% 及以上时，严禁变幅。

（6）作业中如遇六级及以上大风或阵风，应立即停止作业，松开回转机构制动器，起重臂应能随风转动。对轻型俯仰变幅起重机，应将起重臂落下并与塔身结构锁紧在一起。

（7）作业中，操作人员临时离开操纵室时，必须切断电源，对于轨道运行式塔机，还需锁紧夹轨器。

（8）起重机载人专用电梯严禁超员，其断绳保护装置必须可靠、当起重机作业时，严禁开动电梯。电梯停用时，应降至塔身底部位置，不得长时间悬在空中。

（9）作业完毕后，轨道运行式塔机应停放在轨道中间位置，锁紧夹轨器，起重臂应转到顺风方向并松开回转制动器，小车及平衡重应置于非工作状态，吊钩宜升到离起重臂顶端 2～3m 处。

（10）停机时，应将每个控制器拨回零位，依次断开各开关、关闭操纵室门窗；下机后，应锁紧夹轨器，使起重机与轨道固定，断开电源总开关，打开高空指示灯。

3.3 汽车起重机

3.3.1 汽车起重机概述

汽车起重机是装在普通汽车底盘或特制汽车底盘上的一种起

重机，如图 3-19 所示，其行驶驾驶室与起重操纵室分开设置，这种起重机的优点：机动性好，转移迅速；缺点是：工作时需支腿，不能负荷行驶，也不适合在松软或泥泞的场地上工作。汽车起重机是轮胎起重机的一种。

图 3-19　汽车起重机结构图

1—下车底盘；2—支腿；3—回转卷扬机构；4—上车驾驶室；
5—起重臂；6—顶臂油缸；7—钢丝绳；8—吊钩；9—下车驾驶室

　　汽车起重机的底盘性能等同于同样整车总重的载重汽车，符合公路车辆的技术要求，因而可在各类公路上通行。此种起重机一般备有上、下车两个操纵室，作业时必须伸出支腿保持稳定，起重量的变化范围很大，从 8～1000t；底盘的车轴数，从 2～10 根。汽车起重机由吊臂、伸缩油缸、回转机构、起升机构、驾驶室、行走底盘、支腿及水平伸缩油缸、配重等组成。

　　汽车起重机的四个支腿是保证起重机稳定性的关键，作业时要利用水平气泡将支承回转面调平，当地面松软不平或在斜坡上工作时，一定要在支腿垫盘下面垫以木板或铁板，将支腿位置调整好。

　　汽车起重机的稳定性和起重量，随起吊方向的不同而不同。当转到稳定性较好的方向，能起吊额定荷载；当转到稳定性差的方向，起重量就会严重下降。有的汽车起重机各个不同起吊方向的起重量有特殊的规定，但在一般的情况下，汽车起重机在车前作业区是不允许吊装作业的。在使用汽车起重机时，要严格按照产品说明书的规定执行。

3.3.2　汽车起重机分类

（1）按额定起重量分，一般额定起重量15t以下的为小吨位汽车起重机；额定起重量在16～25t的为中吨位汽车起重机；额定起重量在26t以上的为大吨位汽车起重机。

（2）按吊臂结构分为定长臂汽车起重机、接长臂汽车起重机和伸缩臂汽车起重机三种。

1）定长臂汽车起重机多为小型机械传动起重机，采用汽车通用底盘，全部动力由汽车发动机供给。

2）接长臂汽车起重机的吊臂由若干节臂组成，分基本臂、顶臂和插入臂，可以根据需要在停机时改变吊臂长度。由于桁架臂受力好，迎风面积小，自重轻，是大吨位汽车起重机的主要结构形式。

3）伸缩臂汽车起重机，其结构特点是吊臂由多节箱形断面的臂互相套叠而成，利用装在臂内的液压缸可以同时或逐节伸出或缩回。全部缩回时，可以有最大起重量；全部伸出时，可以有最大起升高度或工作半径。

（3）按动力传动分为机械传动、液压传动和电力传动三种。施工现场常用的是液压传动汽车起重机。

3.3.3　汽车起重机基本参数

汽车起重机的基本参数包括尺寸参数、质量参数、动力参数、行驶参数、主要性能参数及工作速度参数等。

（1）尺寸参数：整机长、宽、高，第一、二轴距，第三、四轴距，一轴轮距，二、三轴轮距。

（2）质量参数：行驶状态整机质量，一轴负荷，二、三轴负荷。

（3）动力参数：发动机型号，发动机额定功率，发动机额定扭矩，发动机额定转速，最高行驶速度。

（4）行驶参数：最小转弯半径，接近角，离去角，制动距离，最大爬坡能力。

（5）主要性能参数：最大额定起重量，最大额定起重力矩，最大起重力矩，基本臂长，最长主臂长度，副臂长度，支腿跨距，基本臂最大起升高度，基本臂全伸最大起升高度，（主臂＋副臂）最大起升高度。

（6）工作速度参数：起重臂变幅时间（起、落），起重臂伸缩时间，支腿伸缩时间，主起升速度，副起升速度，回转速度。

3.3.4 汽车起重机安全装置

（1）长度角度传感器

长度、角度检测传感器，是安装在汽车起重机等有伸缩臂杆的测长装置。如图 3-20 所示，长度、角度检测传感器由拉线盒和检测传感器组成。将拉线盒的钢丝拉线与汽车吊臂的伸缩头固定连接。当汽车吊臂伸缩时，带动拉线的伸缩，钢丝绳带动内部检测电位器信号变化。传感器在采集该信号后，经过处理、判断并通过仪表显示出来，控制起重机吊臂相对于水平面的角度和提升高度等。

图 3-20 某机型长度角度传感器

（2）力矩限制器

力矩限制器是汽车起重机重要的安全限制器（图 3-21），其主要作用是：

1）过载限制：过载时，限制器自动停止伸臂、下变幅、起升动作，允许缩臂、上变幅、落钩动作。

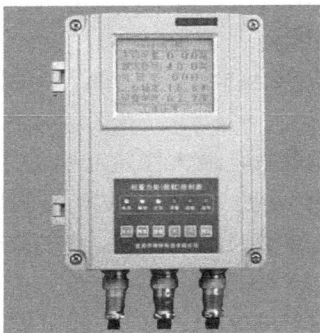

图 3-21　某机型力矩限制器

2）极限限制，达到额定载荷的 1.3 倍时，仅能回转、落钩。

3）数据采集功能，自动记录、存储作业的工况参数、时间、过载次数。

4）顺序伸缩控制油缸动作，避免人为误操作。

3.3.5　汽车起重机安全操作规定

起重机的启动参照有关内燃机的规定执行，在公路或城市道路上行驶时，应执行交通管理部门的有关规定，汽车起重机作业前应注意以下事项：

（1）检查各安全保护装置和指示仪表是否齐全、有效。

（2）检查燃油、润滑油、液压油及冷却水是否添加充足。

（3）开动油泵前，先使发动机低速运转一段时间。

（4）检查钢丝绳及连接部位是否符合规定。

（5）检查液压是否正常。

（6）检查轮胎气压是否正常。

（7）各连接件有无松动。

（8）行驶和工作场地应保持平坦坚实，并应与沟渠、基坑保持安全距离。

（9）检查工作地点的地面条件。地面必须具备能将起重机呈水平状态，并能充分承受作用于支腿的压力条件；注意地基是否松软，如较松软，必须给支腿垫好能承载的枕木或钢板。

（10）预先调查地下埋设物，在埋设物附近放置安全标牌，以引起注意。

（11）调节支腿，按规定顺序伸出支腿，使之呈水平状态，回转支承面的倾斜度在无载荷时不大于 1/1000，插上支腿定位销，底盘为弹性悬挂的起重机，放支腿前应先收紧稳定器。

（12）确认所吊重物的重量和重心位置，以防超载。

（13）根据起重作业曲线，确定工作半径和额定起重量，调整臂杆长度和角度。

3.4 履带起重机

履带起重机操纵灵活，本身能回转360°，在平坦坚实的地面上能负荷行驶。由于履带的作用，接触地面面积大，通过性好，可在松软、泥泞的场地作业，可进行挖土、夯土、打桩等多种行业，适用于建筑工地的吊装作业，特别是单层工业厂房结构安装。但履带起重机稳定性较差，行驶速度慢且履带易损害路面，转移时多用平板拖车装运。

3.4.1 履带起重机结构组成

履带起重机由动力装置、工作机构以及动臂、转台、底盘等组成。如图 3-22 所示。

（1）动臂

动臂为多节组装桁架结构，调整节数后可改变长度，其下端铰装于转台前部，顶端用变幅钢丝绳滑轮组悬挂支承，可改变其倾角。也有在动臂顶端加装副臂，副臂与动臂成一定角度。起升机构有主、副两个卷扬系统，主卷扬系统用于动臂吊重，副卷扬系统用于副臂吊重。

（2）转台

转台通过回转支承装在底盘上，可将转台上的全部重量传递给底盘，其上部装有动力装置、传动系统、卷扬机、操纵机构、平衡重和操作室等。动力装置通过回转机构可使转台作360°回转。回转支承由上、下滚盘和其间的滚动件（滚球、滚柱）组成，可将转台上的全部重量传递给底盘，并保证转台的自由转动。

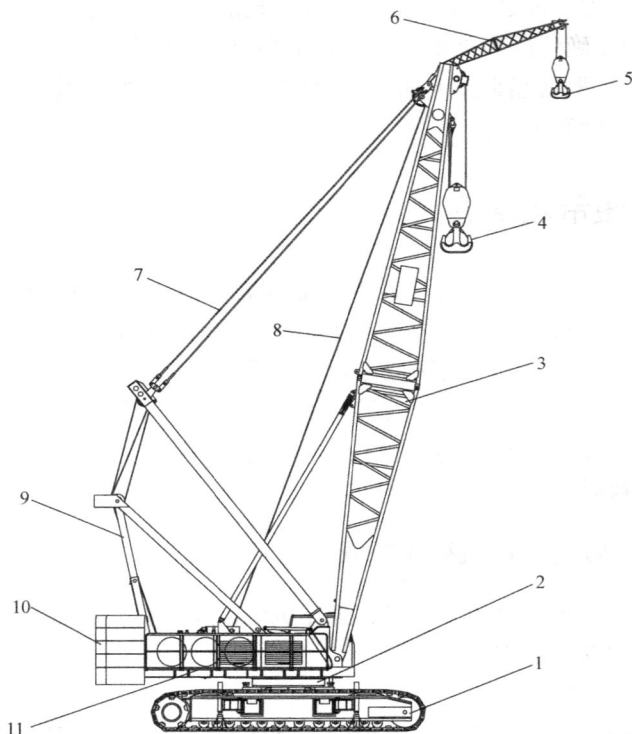

图 3-22　履带起重机结构组成

1—底盘；2—回转支承；3—动臂；4—主吊钩；5—副吊钩；6—副臂；7—动
臂变幅滑轮系统；8—起升钢丝绳；9—门架；10—平衡重；11—转台

（3）底盘

底盘包括行走机构和动力装置。行走机构由履带架、驱动轮、导向轮、支重轮、托链轮和履带轮等组成。动力装置通过垂直轴、水平轴和链条传动使驱动轮旋转，从而带动导向轮和支重轮，实现整机沿履带行走。

3.4.2　履带起重机基本参数

履带起重机的主要技术参数包括主臂工况、副臂工况、工作速度数据、发动机参数、结构重量等，见表 3-3。

履带起重机性能参数表　　　　表 3-3

项　　目	性能指标	单　　位
主臂工况	额定起重量	t
	最大起重力矩	t·m
	主臂长度	m
	主臂变幅角	°
主臂带超起工况	额定起重量	t
	最大起重力矩	t·m
	主臂长度	m
	超起桅杆长度	m
	主臂变幅角	°
变幅副臂工况	额定起重量	t
	主臂长度	m
	副臂长度	m
	最长主臂＋最长变幅副臂	m
	主臂变幅角	°
	副臂变幅角	°
变幅副臂带超起工况	额定起重量	t
	主臂长度	m
	副臂长度	m
	最长主臂＋最长变幅副臂	m
	超起桅杆长度	m
	主臂变幅角	°
	副臂变幅角	°
速度数据	主（副）卷扬绳速	m/min
	主变幅绳速	m/min
	副变幅绳速	m/min
	超起变幅绳速	m/min

项　　目	性能指标	单　　位
速度数据	回转速度	m/min
	行走速度	km/h
发动机	输出功率	kW
	额定转矩	r/min
重量	整机重量(基本臂)	t
	后配重＋中央配重＋超起配重	t
	最大单件运输重量	t
	运输尺寸(长×宽×高)	mm
接地比压		MPa

3.4.3　履带起重机安全装置

履带起重机一般设有起重限制器、幅度显示器、力矩限制器、起升高度限位器、变幅限位、臂架角度指示器、防臂架后倾装置、管架变幅保险和吊钩保险等安全装置。

（1）臂架角度指示器

臂架角度指示器能够随着臂架仰角的变化而变化，反映出臂架对地面的夹角。通过臂架不同位置的仰角，对照起重机的性能表和性能曲线，就可知在某仰角时的幅度值、起重量、起升高度等各项参考数值。

（2）起升高度限位器

起升高度限位器又称为过卷扬限制器，装在臂架端部滑轮组上，限制吊钩的起升高度，防止发生过卷扬事故。当吊钩起升到极限位置时，自动发出报警信号，切断动力源，停止起升。

（3）力矩限制器

力矩限制器是防止超载造成起重机失稳的限制器，当荷载力矩达到额定起重力矩时，自动发出报警信号，切断起升或变幅动力源。

（4）防臂架后倾装置

防臂架后倾装置，是防止臂架仰角过大时造成后倾的安全装置，当臂架起升到最大额定仰角时，不再仰臂。

3.4.4 履带起重机安全使用规定

（1）应在平坦坚实的地面上作业、行走和停放。在正常作业时，坡度不得大于 3°，并应与沟渠、基坑保持安全距离。

（2）作业时，起重臂的最大仰角不得超过出厂规定。当无资料可查时，不得超过 78°。

（3）变幅应缓慢平稳，严禁在起重臂未停稳前变换挡位；起重机载荷达到额定起重量的 90% 及以上时，严禁下降起重臂。

（4）在起吊载荷达到额定起重量的 90% 及以上时，升降动作应慢速进行，并严禁同时进行两种以上动作。

（5）起吊重物时应先稍离地面试吊，当确认重物已挂牢，起重机的稳定性和制动器的可靠性均良好时，再继续起吊。在重物起升过程中，操作人员应把脚放在制动踏板上，密切注意起升重物，防止吊钩冒顶。当起重机停止运转而重物仍悬在空中时，即使制动踏板被固定，也仍应脚踩在制动踏板上。

（6）采用双机抬吊作业时，应选用起重性能相似的起重机进行，抬吊时应统一指挥，动作应配合协调；载荷应分配合理，起吊重量不得超过两台起重机在该工况下允许起重量总和的 75%，单机载荷不得超过允许起重量的 80%，在吊装过程中，起重机的吊钩滑轮组应保持垂直状态。

（7）多机抬吊（多于 3 台时），应采用平衡轮、平衡梁等调节措施来调整各起重机的受力分配，单机的起吊载荷不得超过允许载荷的 75%。多台起重机共同作业时，应统一指挥，动作应配合协调。

（8）起重机如需带载行走时，载荷不得超过允许起重量的 7C%，行走道路应坚实平整，重物应在起重机正前方向，重物离地面不得大于 500mm，并应拴好拉绳，缓慢行驶。严禁长距离带载行驶。

（9）起重机行走时，转弯不应过急；当转弯半径过小时，应分次转弯，当路面凹凸不平时，不得转弯。

（10）起重机上下坡道时应无载行走，上坡时应将起重臂仰角适当放小，下坡时应将起重臂仰角适当放大。严禁下坡时空档滑行。

（11）作业后，起重臂应转至顺风方向并降至 $40°\sim60°$ 之间，吊钩应提升到接近顶端的位置，应关停内燃机，将各操纵杆放在空挡位置，各制动器加保险固定，操纵室应关门加锁。

（12）起重机转移工地，应采用平板拖车运送。特殊情况需自行转移时，应卸去配重，拆短起重臂，主动轮应在后面，机身、起重臂、吊钩等必须处于制动位置，并应加保险固定，每行驶 $500\sim1000m$ 时，应对行走机构进行检查和润滑。

（13）起重机通过桥梁、水坝、排水沟等构筑物时，必须在查明允许载荷后再通过。必要时应对构筑物采取加固措施。通过铁路、地下水管、电缆等设施时，应铺设木板对其加以保护，并不得在上面转弯。

（14）用火车或平板拖车运输起重机时，所用脚手板的坡度不得大于 $15°$。起重机装上车后，应将回转、行走、变幅等机构制动，并采用三角木楔紧履带两端，再牢固绑扎。后部配重用枕木垫实，不得使吊钩悬空摆动。

3.5 施工升降机

施工升降机俗称施工电梯，是采用齿轮齿条啮合或钢丝绳提升方式，使吊笼沿着导轨作垂直或倾斜运动，实现输送人员和物料的高效率施工机械，主要应用于高层和超高层建筑施工、桥梁建设、工业建设工程、高塔等固定设施的垂直运输，作为永久或半永久性的外用电梯。

施工升降机特点：具有承载量大、空间大、提升稳定、安全可靠、安装拆卸方便、搬运灵活性强，尤其在减轻施工人员的劳动强度，加快工程进度，提高工作效率中有着极其独特作用与优势，变频施工升降机速度可调，启制动平稳、能耗低、易损件寿命长。

3.5.1 施工升降机分类

施工升降机分为齿轮齿条式升降机、钢丝绳式升降机、混合式施工升降机等。

图 3-23 齿轮齿条式 施工升降机

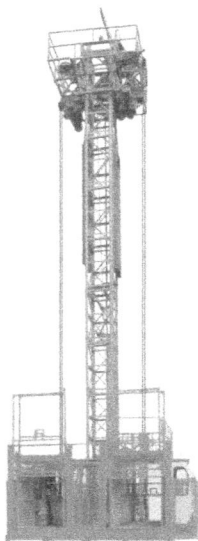

图 3-24 钢丝绳式人货 两用施工升降机

图 3-25 钢丝绳式货 用施工升降机

（1）齿轮齿条式升降机（SC 型），是指采用齿轮齿条传动的升降机。其传动方式为齿轮齿条式，动力驱动装置由电机驱动减速器，减速器带动小齿轮转动，再由传动小齿轮和导轨上的齿条啮合，通过小齿轮的转动带动吊笼升降。在每个吊笼上均装有渐进式防坠安全器。

（2）钢丝绳式升降机（SS 型），是指采用钢丝绳提升的施工升降机。可分为人货两用和货用施工升降机两种类型。

（3）混合式施工升降机（SH 型），是一种把齿轮齿条式升降机和钢丝绳式升降机混合为一体的施工升降机。该机型为一个吊笼采用齿轮齿条驱动，另一个吊笼采用钢丝绳提升的升降机。目前建筑施工中很少使用。

（4）除三种形式施工升降机之外还有桅杆悬挂施工升降机、液压施工升降机、变频调速施工升降机、曲线式施工升降机、遥控施工升降机等。

3.5.2 施工升降机型号

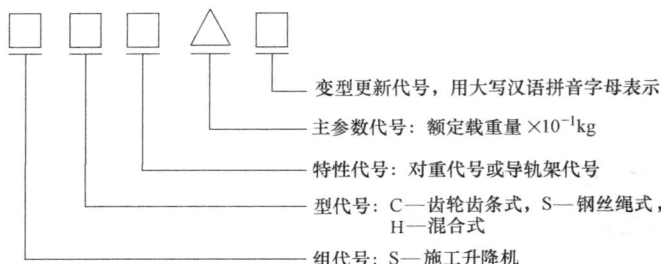

变型更新代号，用大写汉语拼音字母表示
主参数代号：额定载重量×10^{-1}kg
特性代号：对重代号或导轨架代号
型代号：C—齿轮齿条式，S—钢丝绳式，H—混合式
组代号：S—施工升降机

例1：SS100 表示单笼，钢丝绳驱动，吊笼额定载重量为 1000kg 的施工升降机

例2：SCD200/200 表示双笼，齿轮齿条驱动，带对重装置，每个吊笼额定载重量为 2000kg 的施工升降机

例3：SC200/200 表示双笼，齿轮齿条驱动，不带对重装置，每个吊笼额定载重量为 2000kg 的施工升降机

3.5.3 施工升降机组成（以 SC 型齿轮齿条升降机为例）

施工升降机由底笼、吊笼、传动机构、导轨架、附墙架、对重系统、吊杆、层门、电气系统、供电系统、安全装置等组成。

（1）底笼：防止无关人员进入施工升降机工作区域。主要包括底架、底笼门、防护围栏，防护围栏高度不低于 2m，底笼门只有吊笼停靠于底笼时才可打开。

（2）吊笼：运输物料和人员的承载结构，主要包括吊笼框架、吊笼进出料门、天窗、司机室、滚轮。

（3）传动机构：施工升降机的重要传力构件，它通过自身输出小齿轮与导轨架上的齿条啮合，驱动吊笼上下运行。主要包括电机、减速器、传动板、传动架、滚轮。

（4）导轨架：由标准节拼接而成，标准节上装有齿条，是升降机的运行轨道。

（5）附墙架：导轨架与建筑物之间的连接部件，附墙架的一端与标准节的框架相连接，另一端与建筑物连接，用以保持升降机导轨架及整体结构的稳定。附墙架其长度可在一定范围内适当调节。

（6）对重系统：主要由对重装置，对重导轨、天轮装置、钢丝绳、断绳保护装置等部件组成。对重系统的作用主要是在传动机构输出功率不变的情况下提高升降机的额定载重量。

（7）吊杆：实现施工升降机自助安装和拆卸导轨架时，用来起吊标准节及附墙架的部件。

（8）层门：安装在施工升降机所达到楼层的层站入口的防护装置。

（9）电气系统：升降机的机械指挥部分，升降机的所有动作都是由电气系统来指挥的，主要分为主电路、主控制电路和辅助电路。

（10）供电系统：分电缆卷筒供电式、电缆滑车供电式和滑触线式供电式。

（11）安全装置：主要由防坠安全器、超载保护装置、门限位开关、天窗限位开关、防冲顶限位开关、上下行程限位开关、极限限位开关、减速行程限位开关、防断绳保护开关、吊笼门锁、底笼门锁、急停、安全钩、缓冲弹簧等装置，保障工作人员的生命安全。

3.5.4 施工升降机主要技术参数（以 SC 型齿轮齿条升降机为例）

某机型 SC200/200P 施工升降机主要技术参数 表 3-4

项目		单位	技术参数
每只吊笼	额定载重量	kg/人	2000/24
	安装/拆卸载重量	kg/人	1000/4
吊杆额定载重量		kg	240
吊笼内部尺寸（长×宽×高）		m	3.2×1.5×2.5
最大提升高度		m	300
附墙间距		m	≤9
最大自由端高度		m	7.5
额定起升速度		m/min	0~60
安装/拆卸/维护起升速度		m/min	0~10
每只吊笼配电动机	数量	只	3
	额定功率（S1）	kW	3×(11~20)
	制动力矩	Nm	180
变频器功率		kW	2×75
防坠安全器	型号		SAJ50-1.4
	制动载荷	kN	50
	标定动作速度	m/s	1.4
工作状态下最大风速		m/s	12
工作温度		℃	-12~50

3.6 起重装卸作业要求

　　施工现场的起重作业常常需要进行物件装卸，作为起重司索人员，需要直接对物件装卸进行指挥，所以有必要掌握物件装卸的操作安全要点。

（1）分派任务时，要向工人交代货物名称、性质、作业地点、使用工具及安全注意事项等，班组长或安全员应根据装卸特点对全班人员进行安全教育。

（2）在工作开始前，需检查装卸地点和道路，清除障碍。

（3）在集体搬运物件时，每个人负荷一般不得超过70kg，搬运时动作要互相协调，稳步行进。

（4）滚动和移动重物时，要站在重物的侧面或后面，以防物件倾倒。

（5）人力抬运80kg以上物件到高处时，脚手板的坡度应符合要求，其垂直高度不得超过3m，其长度最少应比高度大3倍。物件在上面通过时，脚手板不得有较大的弯曲，脚手板接头必须固定牢固，严禁出现探头板。

（6）多人抬运物件时，须有人指挥，协调一致，同起同落。

（7）用滚杠搬运时，应有专人指挥，其运行速度不得过快，摆放滚杠时，要防止滚杠压伤手脚。滚动物件的正前方不得有人。

（8）装卸散货（如水泥、石灰、石英砂等）应将袖口、裤脚扎紧，戴好防尘口罩、防尘帽。

（9）冬季装卸，应将道路和脚手板上的积雪和冰霜清扫干净，并采取防滑措施。

（10）装卸易燃、易爆、有毒、有腐蚀、有放射性物品以及压缩气体或液化气体气瓶等危险品时，应先了解危险品的性质、包装情况和操作要求。

（11）进行危险品装卸作业时，禁止随身携带火柴、打火机等易燃易爆物品。

（12）装卸危险品时，必须轻拿轻放，不得冲撞、肩扛、背驮、拖拉和猛烈振动。

（13）危险品装车应堆码整齐、平稳，禁止倒放和超高堆取。

（14）危险品的包装如有腐蚀、损坏、容器加封不严密或有渗漏现象，禁止搬运。

（15）遇水能起反应的危险品（如电石等）禁止雨天装卸。

（16）装卸电石桶时，桶盖不得对人。如发现桶身有膨胀现象，应先将棚盖螺丝松开，使桶内气体放出后再行搬运。搬运电石桶不应使用钢质、铁质工具，且不得将桶放在潮湿的地方。

（17）装卸黄磷必须先检查后装运。如发现桶漏、少水或无水时禁止装运。

（18）从事装卸、搬运沥青的工人，应佩戴有披肩的风帽、防护眼镜、鞋盖、口罩、手套等，工作完毕后必须洗澡。皮肤病患者或对沥青过敏的人员，不得从事与沥青有关的工作。

（19）装卸时，汽车未停稳不得抢上跳下，开关汽车栏板时必须二人进行，并提醒附近人员离开。汽车尚未进入卸货地点时，不得打开汽车栏板，并在打开汽车栏板后，严禁汽车再移动位置。

（20）装车时，前后货物必须均衡，堆码捆绑牢固，防止偏载、倒塌、滑动；卸车时，务必从上至下依次卸货，不得在货物下部抽卸，以防倒塌砸人。

（21）装卸大型圆柱物件，应使用绳索拖拉固定，同时用三角楔塞住，以防滚动。

（22）汽车运输货物时，禁止人货混装，禁止超宽、超高、超重。散装货物装车时，禁止两侧对装，以防用力过猛打伤对面人员。

4 吊装方案的编制与施工管理

4.1 起重吊装专项施工方案编制

在建筑安装工程施工中，起重吊装施工作业是一项技术性强、危险性大、需多工种互相配合、互相协调、精心组织、统一指挥的特种作业，为了科学地组织施工，优质高效地完成吊装任务，应该编制起重吊装施工方案，保证起重吊装安全施工。

4.1.1 起重吊装专项施工方案编制范围

下列危险性较大的起重吊装工程施工前应当编制专项方案：

（1）采用非常规起重设备、方法，且单件起吊重量在 10kN 及以上的起重吊装工程；

（2）采用起重机械进行安装的工程；

（3）起重机械安装和拆卸工程；

（4）装配式建筑混凝土预制构件安装工程。

其中，采用非常规起重设备、方法，且单件起吊重量在 100kN 及以上的起重吊装工程；起重量 300kN 及以上，或搭设总高度 200m 及以上，或搭设基础标高在 200m 及以上的起重机械安装和拆卸工程，应当组织召开专家论证会对专项施工方案进行论证。

4.1.2 起重吊装专项施工方案编制原则

（1）施工成本低

在编制施工方案时，在技术上可能的情况下，尽量采用成本最低的施工方法和措施来完成项目，以获取最大经济效益。

（2）施工周期短

工期缩短有利于项目施工成本的降低，从而提高经济效益，为企业赢得良好的信誉。

（3）技术可靠

要求技术的可行性、合理性及施工工程质量能够保证达到安全施工的目的。

上述三原则事实上往往无法同时实现，技术可靠是确定方案的根本。更多时候是在保证技术可靠原则的基础上，根据所具备机械（具）的情况确定施工方案。

4.1.3　起重吊装专项施工方案编制依据

（1）施工组织（总）设计。

（2）工程施工图、工程总平面图及有关设计技术文件。

（3）相关法律、法规、规范性文件、标准、规范。

（4）施工工期的计划安排。

（5）施工场地的有关地质、地下管线资料及周边环境情况。

（6）工程合同。

（7）新施工技术及安装工艺。

4.1.4　起重吊装专项施工方案制定

（1）施工方法的选择

起重吊装专项施工方案和技术措施中，吊装方法的确定是最主要的，正确选择吊装方法是制定吊装方案和技术措施的前提，它决定了起重吊装专项施工方案的科学性、先进性和适用性，一般可以归纳为以下几类：

1）按被吊装物件就位形态分为分散吊装、整体吊装和综合吊装等。分散吊装又可分为正装和倒装。

分散吊装中的正装法，高空作业多、施工周期长、施工管理要求高，一次起重量小，使用吊具索具的规格尺寸小。

分散吊装中的倒装法，高空作业少，安全度高，一次起重量虽然没有减少，但起升高度与作业高度可大大降低。

综合吊装是把能在地面上做完的事力求全部做完，以减少高空作业，这种吊装方法操作难度大，但安装周期可明显缩短，同时减少高空作业的费用，可以弥补吊装机具费用的损失。

2）按被吊装物件的整体竖立形式分类有滑移法和旋转法。

3）按被吊装物件的就位方式有正吊、抬吊、侧偏吊等。

起重吊装方法的确定，应在确保安全施工、安装质量的前提下，根据工程内容、工期要求、施工工艺、施工队伍的素质、现场条件、机具索具和经济效益等因素，尤其应综合考虑被拖运或吊装物件的外形尺寸、重量、结构、类型、特点和数量，拟定几个可行的方案，通过论证比较，最终确定一个最优方案。

（2）方案的编制程序

起重吊装专项施工方案的编制一般包括准备、编写、审批等三个阶段。

1）准备阶段：由施工单位专业技术人员收集与起重作业有关的资料，确定施工方法和工艺，必要时还应召开专题会议对施工方法和工艺进行讨论。

2）编写阶段：专项施工方案由施工单位组织专人或小组，根据确定的施工方法和工艺编制，编制人员应具有本专业中级以上技术职称。

3）审核批准阶段：专项施工方案应由施工单位技术负责人组织施工技术、设备、安全、质量等部门的专业技术人员进行审核。必要情况下，应组织专家论证。审核合格，由施工单位技术负责人审批。

施工方案实施前，必须逐级进行技术交底。如施工条件发生变化，应对施工方案及时修改补充，并履行审核批准手续。

4.1.5　起重吊装专项施工方案内容

起重吊装专项施工方案主要内容应当包括以下内容：

（1）工程概况：工程概况和特点、施工平面布置、施工要求和技术保证条件。

（2）编制依据：相关法律、法规、规范性文件、标准、规范及施工图设计文件、施工组织设计等。

（3）施工计划：包括施工进度计划、材料与设备计划。

（4）施工工艺技术：技术参数、工艺流程、施工方法、操作要求、检查要求等；在吊装施工步骤中，要把全过程分解为工序，说明每个工序中的具体内容和施工方法。

（5）施工安全保证措施：组织保障措施、技术措施、监测监控措施等；安全保证措施应针对工程的具体情况，充分考虑整个施工过程中可能出现的问题，同时还应考虑到周边可能产生的影响。

（6）施工管理及作业人员配备和分工：施工管理人员、专职安全生产管理人员、特种作业人员、其他作业人员等。

（7）验收要求：验收标准、验收程序、验收内容、验收人员等。

（8）应急处置措施：针对可能发生的突发事件，制定有针对性的应急处置措施。

（9）计算书及相关施工图纸：

1）按平面图画出已有构筑物的情况，建筑物及设备的基础、地沟、电线电缆和吊装位置。

2）被吊物件搬运路线、被吊物体拼装位置和被吊物件吊装位置等。

3）当采用桅杆吊装时，桅杆的搬运路线、组装位置和竖立方法、移动路线、站位和吊装位置。

4）吊装受力分析及核算：根据平面图和立面图，将吊装过程中复杂的受力情况简化为力学模型，进行受力计算。

4.1.6 施工安全措施

（1）安全措施编制依据

安全措施一般包括安全技术措施和安全组织措施两方面的内容。它的编制依据包括：

1）国家有关法律法规和技术标准；

2）重大危险因素；

3）施工工艺、机械设备及操作方法，尤其是涉及新材料、新技术、新设备和新工艺的应用；

4）施工作业环境；

5）安全生产的合理化建议。

对于一项具体工程，一定要根据上述原则进行全面分析，考虑施工中可能出现的各种问题，制定出周密的安全措施。

（2）安全技术措施要求

为了防止施工过程中发生人身和设备事故，应针对施工方案中选用的各种机械、设备和用电设施可能出现的不安全因素以及材料、设备运输带来的困难和危害，采取措施加以解决。对施工运输线路，吊装位置、地锚、缆风绳的布置等进行综合考虑，确保安全施工。

（3）安全组织措施要求

建立安全责任保证体系，明确各个岗位的安全生产责任制，严格遵守施工方案编制审批实施制度、安全技术交底制度、安全检查制度和特种作业人员持证上岗制度等。

4.2 起重安全管理

起重作业是运用力学知识，借助起重工具、设备等，根据物体的不同结构、形状、重量、重心，采取不同的方式方法，从放置位置吊运到预定位置的过程。在起重作业中，由于现场交叉作业多、环境条件复杂、安全隐患点多，稍不注意、配合不好或设备工具使用不当，很容易发生人身伤亡和设备损坏事故，这就需要起重机司机、指挥人员与司索人员相互配合、协调一致。

4.2.1 起重作业的安全管理

起重作业的安全管理，主要有以下几方面：

（1）起重作业人员的安全培训考核管理

建筑起重司索信号工是指在建筑施工现场从事对起吊物体进行绑扎、挂钩等司索作业和起重指挥作业的人员。建筑起重司索信号工必须具备以下条件才有资格从事起重司索信号特种作业：

1）年满 18 周岁；

2）每年须进行一次身体检查，矫正视力不低于 5.0，没有色盲、听觉障碍、心脏病、贫血、美尼尔症、癫痫、眩晕、突发性昏厥、断指等妨碍起重作业的疾病和缺陷；

3）具有初中及以上文化程度；

4）接受专门安全操作知识培训，经建设主管部门考核合格，取得《建筑施工特种作业操作资格证书》；

5）首次取得《建筑施工特种作业操作资格证书》的人员实习操作不得少于三个月。实习操作期间，用人单位应当指定专人指导和监督作业。指导人员应当从取得相应特种作业资格证书并从事相关工作 3 年以上、无不良记录的熟练工中选择。实习操作期满，经用人单位考核合格，方可独立作业；

6）每年参加不少于 24 学时的安全生产教育。

（2）起重设备安全管理

1）起重机械应由使用单位的设备部门负责管理，指定专人负责，建立起重机械使用技术档案；

2）所有进入施工现场的塔式起重机、施工升降机和物料提升机等起重机械必须在建设主管部门备案；

3）起重机械所有安全限制装置和制动装置必须齐全有效，作业前必须对有关装置进行检查；

4）建立健全起重机械设备的维修保养、检查检验、安全操作和交接班等制度，并认真执行。

（3）起重吊具索具的安全管理

1）购买的吊具索具应有制造单位的合格证；

2）建立明细卡（册），登记起重吊具索具的规格、性能和使用状况；

3）对吊具索具进行标识，标明其型号、购买日期、允许吊运荷载等，便于操作人员选用各种吊具索具；

4）使用前，应组织人员对吊具、索具进行检查，未经检查登记的吊具、索具严禁使用。

5）应指定专人对吊具、索具进行维护保养。

（4）作业现场安全管理

1）作业前的准备

① 工作前，由技术人员对作业人员进行技术交底，凡参加起重吊装作业的人员必须认真学习，熟悉该工程的起重吊装专项施工方案，并按方案要求进行施工；

② 认真检查起重工具、设备，确保安全可靠；

③ 认真勘查作业现场，确保工作环境无障碍；

认真做好起重作业准备工作，明确起重任务，掌握起吊物件的形状、重量、重心、角度，确定起重方法。

按规定需要配备工具设备，不得超载使用，装卸机器设备、精密仪器、光洁部件或有棱角的物件，必须谨慎操作。

使用醒目的标志划定出危险区域，严禁行人、车辆通过，并指定专人负责监护。

认真检查物件捆扎、吊挂情况。

2）作业安全管理

① 施工人员必须分工明确、职责清楚、听从指挥；

② 不得擅自离开工作岗位；

③ 非施工人员严禁进入警戒区；

④ 进入现场施工人员，必须正确佩戴安全帽；

⑤ 起吊前，应对设备、绑扎和所吊物件进行全面检查，合格后方能进行试吊或正式吊装，严禁超载；

⑥ 施工人员进入操作岗位后，应对本岗位进行自检，经检

查无问题后方可进行操作；

⑦ 高处作业人员，作业时应正确使用安全带，佩带工具包，严禁从高空向下抛丢工具；

⑧ 在吊运过程中，提升或下降要平稳，不得发生冲击现象；

⑨ 如作业因故中断，必须采取安全措施；

⑩ 工作结束，应将机具收存好，做到场地整洁，文明施工。

3）总结与技术考核

在施工过程中或施工结束后，应及时总结分析，掌握施工中的难点，提出整改措施。

4.2.2 安全作业规程

（1）作业人员在作业前应对工作现场环境、行驶道路、架空线路、建筑物以及构件重量和分布情况进行全面了解。

（2）起重吊装的指挥人员必须持证上岗，作业时应与操作人员密切配合，执行规范的指挥信号。操作人员应按照指挥人员的信号进行作业，当信号不清或错误时，操作人员可拒绝执行。

（3）起重机操作人员与指挥人员相距较远或有视线障碍，正常指挥发生困难时，指挥人员应采用对讲机等有效的联络方式进行指挥。

（4）有六级及以上大风或大雨、大雪、大雾等恶劣天气时，应停止露天起重吊装作业。雨雪过后作业前，应先试吊，确认制动器灵敏可靠后方可进行作业。

（5）起重机的幅度、力矩、起重量限制器以及各种行程限位开关等安全装置，应完好齐全，灵敏可靠，不得随意调整或拆除。严禁利用限制器和限位装置代替操纵机构。

（6）操作人员进行起重机回转、变幅、行走和吊钩升降等动作前，应发出音响信号示意。

（7）起重机作业时，起重臂和重物下方严禁有人停留、工作或通过。吊运重物时，严禁从人上方通过。严禁用起重机吊运人员。

（8）操作人员应严格按照起重机说明书规定的起重性能作业，严禁超载。

（9）严禁使用起重机进行斜拉、斜吊和起吊地下埋设或凝固在地面上的重物以及其他不明重量的物体。现场浇筑的混凝土构件或模板，必须全部松动脱离后方可起吊。

（10）起吊重物应绑扎平稳、牢固，不得在重物上再堆放或悬挂零星物件。易散落物件应使用吊笼栅栏固定后方可起吊。标有绑扎位置的物件，应按标记绑扎后起吊。吊索与物件的夹角宜采用 $45°\sim60°$，且不得小于 $30°$，吊索与物件棱角之间应加垫块。

（11）吊装大、重、新结构构件和采用新的吊装工艺时，应先进行试吊，确认无误后，方可正式起吊。

（12）当采用双机抬吊时，宜采用同类型或性能相近的起重机，负载分配应合理，单机载荷不得超过额定起重量的 80%。两机应协调工作，起吊的速度应平稳缓慢。

（13）开始起吊时，应先将构件吊离地面 $200\sim300mm$ 后暂停，检查起重机的稳定性、制动装置的可靠性、构件的平衡性和绑扎的牢固性等，确认无误后，方可继续起吊。已吊起的构件不得长久停滞在空中。严禁超载和吊装重量不明的重型构件和设备。

（14）重物起升和下降速度应平稳、均匀，不得突然提升或制动。左右回转应平稳，在回转未停稳前不得作反向动作。非重力下降式起重机，不得带载自由下降。

（15）作业中遇突发故障，应采取措施将重物降落到安全位置，并关闭发动机或切断电源后进行检修。在突然停电时，应立即把所有控制器拨到零位，断开电源总开关，并采取措施使重物降到安全位置。

（16）起重机作业时，应与架空输电线路保持一定的安全距离。起重机的任何部位与架空输电导线的安全距离不得小于表4-1的规定。

起重机与架空输电导线的安全距离　　　　　　　表 4-1

安全距离 ＼ 电压	<1	10	35	110	220	330	500
沿垂直方向(m)	1.5	3.0	4.0	5.0	6.0	7.0	8.5
沿水平方向(m)	1.5	2.0	3.5	4.0	6.0	7.0	8.5

（17）吊装作业中的焊接作业，应有严格的防火措施，并应专人看护。在作业部位下面周围 10m 范围内不得有人。

（18）起重机使用的钢丝绳，其结构形式、规格及强度应符合该型号起重机使用说明书的要求。钢丝绳与卷筒应连接牢固，放出钢丝绳时，卷筒上应至少保留 3 圈，收放钢丝绳时应防止钢丝绳打环、扭结、弯折和乱绳，不得使用扭结、变形的钢丝绳。使用编结的钢丝绳，其编结部分在运行中不得通过卷筒和滑轮。

（19）钢丝绳采用编结固接时，编结部分的长度不得小于钢丝绳直径的 20 倍，并不应小于 350mm，其编结部分应捆扎细钢丝。当采用绳夹固接时，绳夹的规格、数量应与钢丝绳直径匹配。作业中应经常检查紧固情况。

（20）每班作业前，应检查钢丝绳，尤其是钢丝绳的连接部位。当钢丝绳达到报废标准时，必须立即更换。

（21）在转动的卷筒上缠绕钢丝绳时，不得用手拉或脚踩来引导钢丝绳。钢丝绳涂抹润滑脂，必须在停止运转后进行。

（22）起重用吊钩和卸扣严禁补焊，班前必须检查，达到报废标准应立即报废。

（23）起重作业，必须严格执行起重"十不吊"规定。

1）超过额定负荷不吊；

2）指挥信号不明、重量不明、光线暗淡不吊；

3）吊索和附件捆绑不牢、不符合安全要求不吊；

4）行车吊挂重物直接进行加工时不吊；

5）歪拉斜挂不吊；

6）吊物上面站人或有浮动物品不吊；

7) 易燃易爆的物品，未采取安全措施不吊；

8) 带棱角缺口的物件，尚未垫好不吊；

9) 埋在地下的物件情况不明不吊；

10) 六级以上强风无防护措施不吊。

4.2.3 多塔作业的安全技术措施

（1）塔机顶升应根据施工情况协商确定，意见一致后方可进行，要求各塔机的高度要相互错开。

（2）加强对信号指挥人员的管理，各台塔机水平交叉，立体多层次的作业，塔机司机视野有限，有时需要信号传递。因此信号指挥人员至关重要，必须选派有实际工作经验，责任心强，能够照顾全部的信号指挥人员担任现场指挥信号指挥工作。

1) 塔机与信号指挥人员必须配备对讲机，对讲机经统一确定功率后必须锁频，使用人员无权调动频率，且要做到专机专用。

2) 信号指挥人员应与塔机组相对固定，无特殊原因不得随意更换指挥人员。

3) 信号指挥人员必须时刻目视塔机吊钩。塔机起重臂在回转过程中，信号指挥人员还须环顾相邻塔机的工作状态，并发出安全措施语言。安全指示语言必须明确，简短，完全清晰。

（3）处于低位的塔机臂架端部与另外一台塔机的塔身之间至少有 2m 的安全距离，处于高位的塔机（吊钩升至最高点）与低位塔机的垂直距离在任何情况下不得小于 2m。

（4）塔群的运行原则：

1) 低塔让高塔：低塔机在旋转前，应观察高塔机的运行情况后再运行。

2) 后塔让先塔：在两塔机起重臂交叉区域内运行时，后进入该区的塔机要避让先进入该区的塔吊。

3) 动塔让静塔：在多台塔机起重臂交叉区域内作业时，在一塔机起重臂无回转，小车无行走，吊钩无运动；而另一塔机起重臂有回转或者小车行走时，动塔机应避让静塔机。

4）轻车让重车：当两塔机同运行时，无载荷塔机应避让有载荷塔机。

5）客塔让主塔：一不同的单位实际工作区域划分时，若塔机起重臂进入非本单位工作区域时，客区域的塔机要让主区域的塔机。

4.2.4　起重作业人员安全职责

在起重吊运作业中，涉及起重指挥、起重司机和司索等人员，只有在指挥人员的统一指挥下，起重司机和司索等人员密切配合，才能顺利完成起重作业任务。

（1）指挥人员的职责

指挥人员的作用就是使司机按指挥信号的要求操作，把负载或空钩向其目的地运行。

1）必须熟悉起重机械性能后方可指挥；

2）应佩戴鲜明的标志，如标有"指挥"字样的臂章，特殊颜色的安全帽、工作服等。所佩戴手套的手心和手背要易于辨别；

3）选择正确的指挥位置。指挥人员应站在使司机能看清楚指挥信号的安全位置上。当跟随负载运行指挥时，应随时指挥负载避开人员和障碍物；

4）不能同时看清司机和负载时，必须要求增设中间指挥人员以便逐级传递信号。当发现错传信号时，应立即发出停止信号；

5）使用规范的指挥信号与起重司机联络，发出的指挥信号必须清晰、准确；

6）不得干涉起重机司机对手柄或旋钮的选择；

7）在开始吊载时，应先用"微动"信号指挥，待负载离开地面 100～200mm 稳妥后，再用正常速度指挥。必要时，在负载降落前，也应使用"微动"信号指挥；

8）在负载运行时，负责监视并随时引导，对可能出现的事故采取必要的防范措施；

9）当负载到达目的地或指定区域时，在发出吊钩或负载下降信号前，必须确认作业区域人员、设备安全；

10）同时用两台起重机吊运同一负载时，指挥人员应双手分别指挥各台起重机，以确保同步吊运。

（2）起重机司机的职责

1）必须熟练掌握标准规定的通用手势信号和有关的各种指挥信号，并与指挥人员密切配合；

2）必须服从指挥人员的指挥；

3）当指挥信号不明时，应发出"重复"信号询问，明确指挥意图后，方可操作；

4）严格按照安全操作规程进行操作；

5）司机在开车前必须鸣铃示警，必要时在吊运中也要鸣铃，通知受负载威胁的地面人员撤离；

6）在吊运过程中，司机对任何人发出的"紧急停止"信号都应服从。

（3）司索人员的职责

1）必须熟悉各类起重工具、设备和机械的安全操作注意事项；

2）掌握吊钩、绳索及其他起重工具性能和报废标准；

3）熟练掌握绑扎、吊挂知识和起重指挥信号；

4）接班时，应对索具、吊具进行检查，发现不正常时必须在操作前排除；

5）工作前，应事先清理吊运地点及运行通道上的障碍物，并提醒无关人员避让；

6）根据吊运物件正确选用吊运方法和吊运工具，应对吊物的重量有正确的估算，对吊具的允许负荷有准确的了解，严禁超负荷吊运；

7）吊物重心要找准，绑扎点要选择正确。吊物应捆扎牢固，吊钩应挂牢，起吊时起重钢丝绳要垂直，严禁斜吊、拖吊；

8）吊运坚硬、有棱角的物件，要加垫物，防止磨损或切割绳索；

9）起吊时，选择安全的站位；

10）工作中禁止用手直接校正已被重物张紧的绳索，吊运中发现绑扎松动或吊运工具出现异常现象时应立即停止作业进行检查；

11）起吊物件时，应将附在物件上的活动件固定好，收好绑扎绳头；

12）禁止用人身重量来平衡吊运物件或以人力支撑物件起吊，严禁站在物件上同时吊运；

13）工作结束后，应将工具擦净，做好维护保养。

4.2.5 起重作业人员基本要求

（1）牢固树立安全生产的责任心

安全生产是建筑施工的一项重要工作，而起重作业的安全，又是整个安全生产的重点，因而起重作业人员要有高度的责任感，要牢固树立"安全第一，预防为主，综合治理"的思想，在日常操作中要做到"五勤"。

第一要脑勤，要多想问题，勤学苦练，要有过硬的本领，懂得起重作业的基本知识，要掌握操作的全过程及工艺流程，不断提高自身的操作技能水平。

第二要眼勤，指挥人员要"眼观六路，耳听八方"，起吊前要"瞻前顾后"，注意上、下、左、右、前、后，不要盲目蛮干。

第三要手勤，要勤检查、勤保养、勤清洁，保证使用的设备、吊具、索具、工具、夹具的完好。

第四要腿勤，要勤于与上、下、左、右、前、后相关人员沟通联系。

第五要口勤，对指挥人员发出的指挥信号，如有不清楚、不明白的应勤于开口多问，千万不可凭经验推测或主观臆断。

（2）发扬团结互助协作的精神

起重吊装是一种协作性较强的作业，作业时要上下、左右之间，互相关心，互相爱护，互相帮助，操作人员要发扬团结、关爱、互助、协作的精神，反对偷懒省事、急躁情绪、侥幸心理、盲目蛮干、心不在焉、嬉笑打闹等不安全的思想和行为。

（3）掌握安全事故的规律性

任何事物都有它的客观规律，安全事故的发生也有它的客观规律，掌握了这些规律，就可以化被动为主动。从导致事故发生的原因来看，大致有以下因素：

1）吊运物体时，无专人指挥或指挥不当，物体下降过快，造成脱钩；

2）未对吊索进行检查，吊运物件受力过大造成吊索断裂；

3）吊运时摆动幅度过大，或超负荷吊运造成倾覆；

4）由于挂钩起吊物件不稳产生摆动，碰到堆物，或撞击地面人员；

5）指挥操作不当，触及高压线路造成触电事故；

6）指挥信号不清，联络不通畅，造成事故；

7）绑扎不牢，造成吊物从空中坠落；

8）设备维修保养不善，带病运转；

9）思想上麻痹大意，以经验代替操作规程；

10）分工不明，责任不清，配合不当；

11）有章不循，违章不究，管理不到位；

12）没有对作业人员进行经常性的安全教育和培训；

13）缺少必要的安全、保险、限位、信号等装置或装置失灵。

4.3　事故案例分析

4.3.1　塔机超载使用引发的倒塔事故

×年×月×日9时左右，某工地正进行一层主体结构施工，

1台型号为 QTZ63、高度为 40m 的塔机正在距离塔机中心约 40m 的钢筋堆放处吊运钢筋（见图 4-1），地面钢筋工将 2 捆约重 3.378t 的钢筋绑扎好后，然后由指挥通知司机起吊钢筋，钢筋离地后，突然外露在地下室顶板表面的第三节加强节和第四节普通标准节连接处折断（见图 4-2），导致塔机整机倒塌。塔机倒塌时，塔身压在建筑物的脚手架上，给塔机倒塌产生一个缓冲作用，使驾驶室内的司机仅造成轻伤。

图 4-1　塔机倒塌现场

图 4-2　标准节折断处

（1）导致该事故发生的原因有以下几点

1）力矩限制器失效。力矩限制器是塔机上最重要的安全保护装置。事故塔机的力矩限制器两块弓形板被人为地用白布条绑扎（见图 4-3），力矩限制器开关完全失效，导致塔机超载使用；

2）严重超载。根据塔机使用说明书中规定小车工作幅度 40m 处，最大额定吊重应为 1.57t。事发时所吊的钢筋为 3.378t，超载 1.8t，大大超出了塔机安全性能指标；

图 4-3　被绑扎的力矩限制器

3）对特种作业人员的安全教育培训不够。塔机司机、指挥违章操作，对所吊的钢筋重量估计不足，导致塔身标准节折断；

4）施工单位未能合理布置场地，钢筋卸车距离过远，容易超载，长期超载使用易造成塔机结构件出现疲劳开裂；

5）现场管理混乱，野蛮施工，违章指挥。起重机械无定期检查、验收制度。

（2）防范措施

1）弓形板式力矩限制器开关外露，容易人为破坏，可采取加盖密闭；同时加强使用过程中的安全检查，防止力矩限制器因人为原因导致失效；

2）合理布置钢筋卸料点、制作棚的位置，使最大起重量在塔机的允许起重范围内；

3）日常安全检查中，要特别关注塔机主要结构件应力集中区域的检查。如底架、加强节与标准节的转换处、回转下支座、塔帽与回转上支座的连接片等。

4.3.2　绳夹装反导致钢丝绳损伤引发的事故

×年×月×日13时，某工地一台 QTZ80 型塔机，在正常工作中、额定吊载下，起升钢丝绳突然发生断裂。

经检查，起升钢丝绳的断头部位发生在起重臂端头即钢丝绳绳端固定部位。塔机维保单位在更换钢丝绳时，绳夹方向装反（图 4-4）。

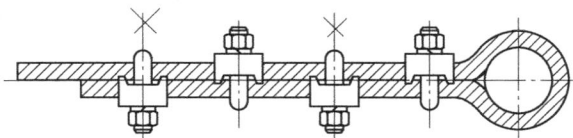

图 4-4　绳夹错误的安装方法

绳夹固定处的强度约为钢丝绳自身强度的 $80\%\sim90\%$。绳夹方向装反后，则固定处的强度降低到 75%，甚至更低，在塔机正常工作中，塔机钢丝绳逐渐出现损伤，直至发生断裂。

（1）导致该事故发生的原因有以下几点：

1）塔机维保单位在更换钢丝绳后，起重臂端头钢丝绳固定绳夹安装错误是此次事故发生的主要原因。

用绳夹固定时，绳夹数量不得少于三个，标准应执行《钢丝绳夹》GB 5976，其间距应符合尺寸要求（图4-5）而且绳夹底板应扣在钢丝绳的工作段上，U型螺栓扣在钢丝绳的尾段上，螺栓紧1/3绳径即可。

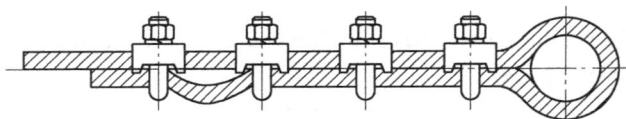

图4-5　绳夹正确的安装方法

2）塔机维保单位未严格执行起升钢丝绳的日常保养和常规检查制度，未能及时发现钢丝绳出现断裂。塔机起升机构的钢丝绳，应按《起重机　钢丝绳　保养、维护、检验和报废》（GB/T 5972—2010）标准严格检查。

3）对职工的安全教育及操作技能培训不够，长期采用错误的操作方式。

（2）防范措施：

1）用绳夹固定时，绳夹数量不得少于三个，标准应执行《钢丝绳夹》GB 5976，其间距应符合要求；而且绳夹底座应扣在钢丝绳的工作段上（长绳处），U型螺栓扣在钢丝绳的尾段上（短绳处），螺栓紧1/3绳径即可。

2）建议钢丝绳端部固定采用楔块、楔套的连接方式，避免因绳夹固定错误而损伤钢丝绳。

3）必须严格执行起升钢丝绳的日常保养和常规检查。

4.3.3　交叉作业引发钢丝绳断裂事故

×年×月×日15时左右，某工地施工现场A、B两台塔机正在交叉作业，A塔机在高位、B塔机处在低位（图4-6）。

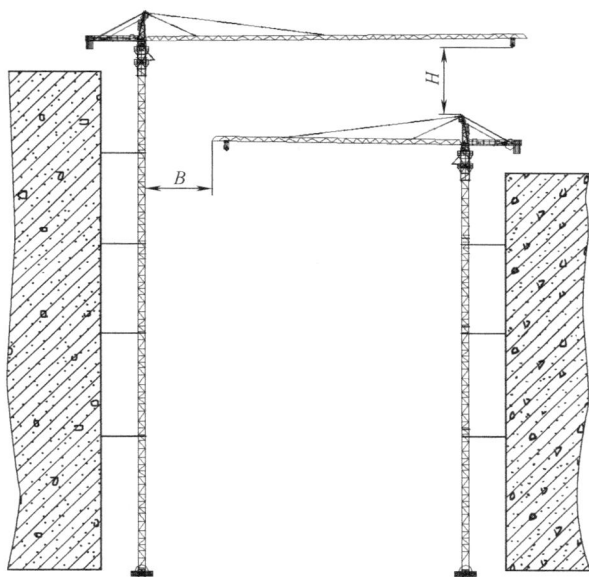

图 4-6　A、B 塔机交叉作业示意

这时，地面指挥通知 A 塔机司机吊运钢管，A 塔机在吊运钢管中，起升钢丝绳突然发生断裂，钢管散落砸中地面作业人员，造成重伤（图 4-7）。

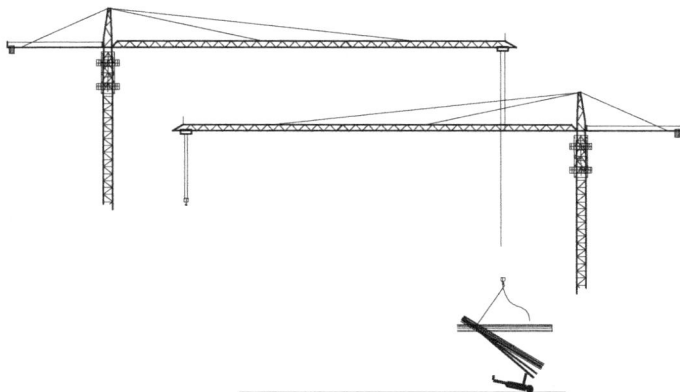

图 4-7　交叉作业钢丝绳碰起重臂

经现场察看，处于低位的 B 塔机起重臂端头约 5m 长度范围两侧油漆有不少被碰擦掉。可推断，交叉作业中 A 塔机的起升钢丝绳经常碰撞 B 塔机起重臂两侧（见图 4-8）。

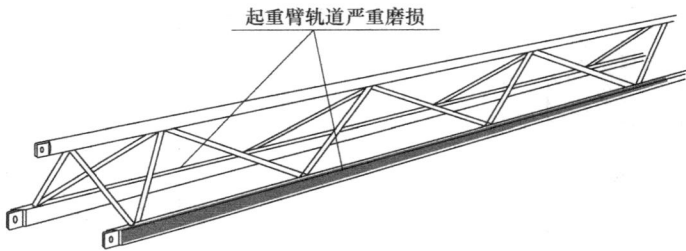

图 4-8　B 塔机起重臂两侧磨损部

仔细查看 A 塔机起升钢丝绳的断头，呈"发蓝"状态，曾受过高温摩擦。在钢丝绳断头的上、下长度范围有许多段被摩擦过痕迹。

经分析，导致该事故发生的原因有以下几点：

（1）根据钢丝绳断头的受损情况，说明 A 塔机的起升钢丝绳经常碰 B 塔机的起重臂，由于多次摩擦、高温退火，使钢丝绳的抗拉强度下降，是造成此次断绳事故发生的主要原因。

（2）A 塔机司机是一名新手，操作技术较差，在作业过程中，未能观察 B 塔机的起重臂位置，导致钢丝绳多次与 B 塔机的起重臂摩擦，增大了事故发生的概率。

（3）现场指挥未遵守安全操作规程；未能观察并通知司机在吊装作业范围内有相邻塔机存在，导致 A、B 塔机碰撞的情况多次发生。

（4）施工现场未制定 A、B 两塔机各自运行路线、回转方向以及两台塔机最小限定距离等内容的措施是引起事故的起因。

防范措施：

（1）施工现场两台以上塔机作业必须制定群塔施工方案，司机、指挥应当熟悉和了解群塔施工方案的各项要求，严格遵守方案规定的事项。

（2）严格执行重物下面有人不吊的规定，在吊运过程中应采取小车往内或往外变幅来避开地面工作人员；地面指挥除告知司机采取避让外，还应劝阻地面人员进入吊装区域。

（3）要加强起升钢丝绳的日常保养和常规检查，及时发现并更换出现损伤的钢丝绳。

（4）要大力推广和应用智能型电子防碰撞装置。

4.3.4　吊索脱落伤人事故

×年×月×日 14 时左右，某工地一台 QTZ63 塔机在 14 层卸料平台上起吊一捆支模架钢管，司索工将钢管绑扎好后，通知塔机司机起吊，钢管提升约 5m 高度时，其中 1 根绑扎的钢丝绳突然松脱（散开），整捆钢管倾斜后全部滑落到卸料平台上，散落的钢管把仍站在卸料平台上的司索工挤落至地面，致其当场死亡（图 4-9）。

（1）导致该事故发生的原因有以下几点：

1）固定钢丝绳用的绳卡不合格（U 型螺栓螺纹太浅），绳卡上的螺帽脱落，钢丝绳散开，导致钢管滑落，是本次事故的直接原因；

2）司索工无证上岗，没有起重专业知识，无安全防范意识，在物体起吊后未能及时离开重物下方；

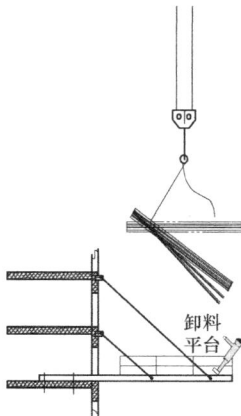

图 4-9　钢管散落致人坠落至地面

3）塔机司机未能严格遵守"重物下方有行人及作业人员不吊"的安全操作规程；

4）项目部安全管理与安全教育不到位，施工现场管理混乱，吊具无专人检查，并且采购无合格证的劣质绳卡。

（2）防范措施：

1）司索、指挥必须持证上岗；在工作中应互相监督、检查；

2）对起重用吊、索具的检查，应由项目部落实专人或安全员负责定期检查，发现安全隐患必须及时更换；

3）严格执行重物下面有人不吊的规定，在吊运过程中应采取小车往内或往外变幅来避开下面工作人员。

4.3.5 斜吊导致塔机起重臂折臂事故

×年×月×日 21 时，某工地正在进行第 15 层的主体结构施工，1 台型号为 QTZ63 塔机需要将 1 捆钢管从地面吊运至 15 层屋面，由于钢管堆放位置不在起重臂覆盖范围内，因此司索工将绑扎钢管的吊索接长，使其能挂在吊钩上；由于夜间作业照明光线不足，现场指挥并未发现塔机起升钢丝绳与重物不垂直呈斜角（图 4-10）。

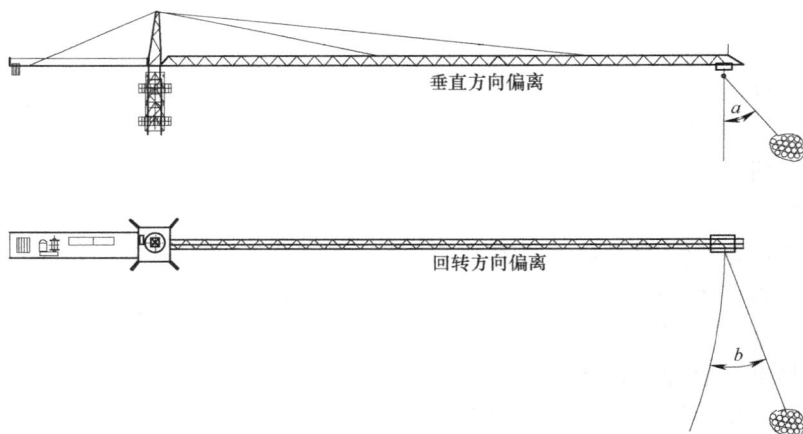

图 4-10 起重臂斜拉重物示意

现场指挥通知塔机司机起吊，在起吊过程中，钢管与地面发生摩擦，同时钩住地面上的异物，但地面指挥未发现这一现象，塔机司机快速起钩，臂端被拉住，导致塔机起重臂折臂并下垂。

（1）导致该事故发生的原因有以下几点：

1）塔机司机违反塔机"十不吊"原则，在光线阴暗看不清吊物的情况下，斜拉起吊物体；

2）现场指挥违反安全操作规程，在物体起吊过程中，未能认真观察地面上是否有影响起吊的异物；并且在物体未离开地面时，未要求塔机司机慢速起吊；

3）塔机司机野蛮操作，在吊物未离地情况下，就快速起吊，导致起重臂折臂；

4）夜间作业照明光线不足；

5）项目部安全管理不到位，施工现场管理混乱，材料堆场设置过远。

（2）防范措施：

1）塔机夜间施工，必须配置足够的照明。

2）司机必须熟悉所操作的塔机的性能，并严格按说明书的规定作业，不得斜拉斜拽重物、吊拔埋在地下或粘结在地面、设备上的重物以及不明重量的重物。特别是大幅度起吊时更要注意。

3）地面指挥人员在工作过程中，要集中注意力，随时观察重物的运行轨迹。

4）项目部要合理布置材料堆场，不得布置在塔机起重臂覆盖范围之外。

4.3.6 多塔作业引发塔机倒塌的事故案例

×年×月×日下午刚上班，某工地指挥呼叫2号塔机司机，要求去吊一捆模板，2号塔机司机在未观察吊装区域范围内是否有相邻塔机存在情况下，就将起重臂向模板放置方向运行，在起重臂旋转过程中，前端与1号塔机下垂的吊钩发生碰撞并被钩住，由于1号塔机的旋转速度较快，导致2号塔机的起重臂在根部处瞬间发生弯折，起重臂前端坠落至地面；1号塔机的起升钢丝绳被拉断（图4-11）；2号塔机起重臂落至地面后，由于前后失衡，塔身剧烈晃动，底部标准节出现弯曲撕裂，最后塔机整体倒塌（图4-12），2号塔机司机被砸在下面，经抢救无效死亡。

图4-11　1号塔机钢丝绳被拉断　　　图4-12　倒塌的2号塔机

（1）导致该事故发生的原因有以下几点：

1）2号塔机司机安全操作意识不强，违反安全操作规程，在旋转塔机起重臂过程中，未能观察1号塔机的起重臂位置，导致2台塔机发生碰撞；

2）1号塔机司机在塔机未工作状态下，未能将塔机吊钩收到最上端，导致2号塔机的起重臂与吊钩发生碰撞；

3）地面指挥违反安全操作规程，在呼叫塔机司机作业时，未能观察吊装作业区域内是否有影响作业的安全隐患存在；

4）施工单位对制定的多塔作业方案未能切实有效实施，现场作业管理不严；

5）对特种作业人员的安全教育培训不够。

（2）防范措施：

1）施工现场两台以上塔机作业必须制定群塔施工方案，司机、指挥应当熟悉和了解群塔施工方案的各项要求，严格遵守方案规定的事项；

2）在塔机作业过程中，地面指挥要随时观察塔机起重臂的所处空间区域，防止发生碰撞；

3）塔机司机在未工作情况下，必须要将吊钩收至最上端；

4）要大力推广和应用智能型电子防碰撞装置。

5 起重吊装作业

5.1 吊点的选择

在起吊物体时，为了使物体稳定，不出现摇摆、倾斜、转动、翻倒等现象，就必须正确选择吊点。选择吊点要了解物体的重量、重心以及形状、体积、结构等，但不论采用几点吊装，都始终要使吊钩或吊索连接的交点的垂线通过被吊物体的重心。在吊运作业中，准确确定被吊重物的吊点十分重要，它直接关系到吊装结果和操作安全。

5.1.1 吊点选择的基本要求

（1）吊点的选择必须保证被吊物体不变形、不损坏，起吊后不转动、不倾斜、不翻倒。

（2）吊点的选择应根据被吊重物的结构、形状、体积、重量、重心等特点以及吊装的要求，结合现场作业条件，确定合理可行、安全、经济、省力的吊运方法。

（3）吊点的选择必须根据被吊物体运动到最终状态时重心的位置来确定。

（4）吊点的多少必须根据被吊物体的强度、刚度和稳定性及吊索的允许拉力来确定。

（5）吊点的选择必须保证吊索受力均匀，各承载吊索间的夹角一般不应大于 60°，其合力的作用点必须与被吊物体的重心在同一条铅垂线上，保证吊运过程中吊钩与吊物的重心在同一条铅垂线上。

（6）对于原设计有起吊耳环、起吊孔的物体，吊点应使用原设计的耳环、吊孔。

（7）对于有吊点标记的物体，应使用物体出厂时标记的吊点吊运，不得任意改动。

（8）在说明书中提供吊装图的物体，应按吊装图找出吊点吊运。

5.1.2　匀质细长杆件的吊点选择

吊装细长物体，如钢管、钢筋、型材、木方、管桩、钢板桩、塔类、钢柱、钢梁杆件，应事先计算然后按照计算的结果确定吊点位置。对于此类吊物，如果吊点选择不正确，极易因力矩不平衡，导致旋转，甚至产生弯曲变形、折断或倾翻，造成事故。匀质细长杆件的吊点位置的确定有以下几种情况：

（1）一个吊点：起吊点位置应设在距起吊端 $0.3L$（L 为物体的长度）处。如一匀质细长物体长度为 10m，则捆绑位置应设在物体起吊端距端部 $10 \times 0.3 = 3m$ 处，如图 5-1（a）所示。

（2）两个吊点：如起吊用两个吊点，则两个吊点应分别距物体两端 $0.21L$ 处。如果物体长度为 10m，则两吊点位置分别距两端 $10 \times 0.21 = 2.1m$，如图 5-1（b）所示。

（3）三个吊点：如物体较长，为减少起吊时物体所产生的应力，可采用三个吊点。三个吊点位置确定的方法是，首先用 $0.13L$ 确定出两端的两个吊点位置，然后把两吊点间距离等分，即得第三个吊点的位置，也就是中间吊点的位置。如杆件长 10m，则两端点吊点位置为 $10 \times 0.13 = 1.3m$，如图 5-1（c）所示。

（4）四个吊点：选择四个吊点，首先用 $0.095L$ 确定出两端的两个吊点位置，然后再把两吊点间的距离进行三等分，即得中间两吊点位置。如杆件长 10m，则两端吊点位置分别距两端 $10 \times 0.095 = 0.95m$，中间两吊点位置分别距两端 $10 \times 0.095 + 10 \times (1 - 0.095 \times 2)/3$，如图 5-1（$d$）所示。

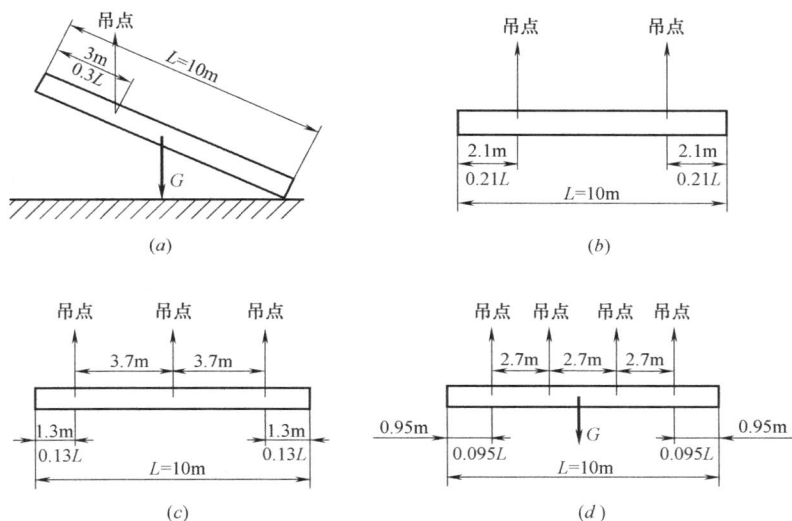

图 5-1　吊点位置选择示意图

(a) 单个吊点；(b) 两个吊点；(c) 三个吊点；(d) 四个吊点

5.1.3　异形物体辅助吊点

在异形物体装配时，可采用辅助吊点配合简易吊具调节物体所需位置的吊装法。通常多采用捯链来调节物体的位置。如图5-2所示，调整捯链铰链长度，当放长铰链时，物体绕重心顺时针旋转，缩短铰链时，物体绕重心逆时针旋转，调整异形物体到达预定装配位置。

5.1.4　物体翻转

物体翻转常见的方法有兜翻，一种方式是将吊点选择在物体重心之下，如图5-3（a）所示；另一种

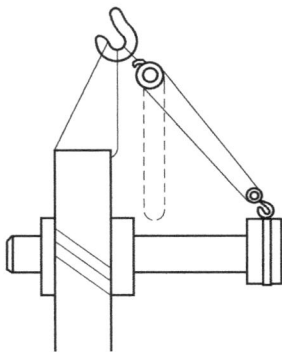

图 5-2　调节吊装法

方式是将吊点选择在物体重心一侧，如图 5-3（b）所示。

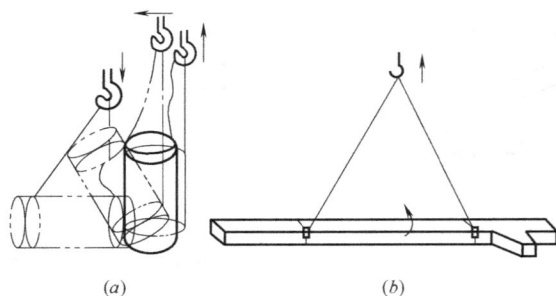

图 5-3　物体兜翻

（a）圆柱体的兜翻；（b）牛腿柱的兜翻

　　物体兜翻时应根据需要加护绳，护绳的长度应略长于物体不稳定状态时的长度，同时应指挥起重机，使吊钩顺翻倒方向移动，避免物体倾倒后的碰撞冲击。

　　对于大型物体的翻转，一般采用绑扎后利用几组滑车或主副钩或两台起重机在空中完成翻转作业。翻转绑扎时，应根据物体的重心位置、形状特点选择吊点，使物体在空中能顺利安全翻转。

　　如图 5-4 所示，用主副钩对大型封头的空中翻转，在略高于封头重心相隔 180°位置选两个吊装点 A 和 B，在略低于封头重心与 A、B 中线垂直位置选一吊点 C。主钩吊 A、B 两点，副钩吊 C 点，起升主钩使封头处在翻转作业空间内。副钩上升，用

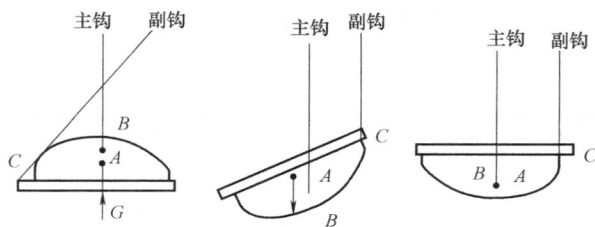

图 5-4　封头翻转 180°

改变其重心的方法使封头开始翻转，直至封头重心越过 A、B 点，翻转完成 135°时，副钩再下降，使封头水平完成 180°空中翻转作业。

物体翻转或吊运时，每个吊环、节点承受的力应满足物体的总重量。对大直径薄壁型物体和大型桁架构件吊装，应特别注意所选择吊点是否满足被吊物体整体刚度或构件结构的局部强度、刚度要求．避免起吊后发生整体变形或局部变形而造成的构件损坏。必要时应采用临时加固辅助吊具法，如图 5-5 所示。

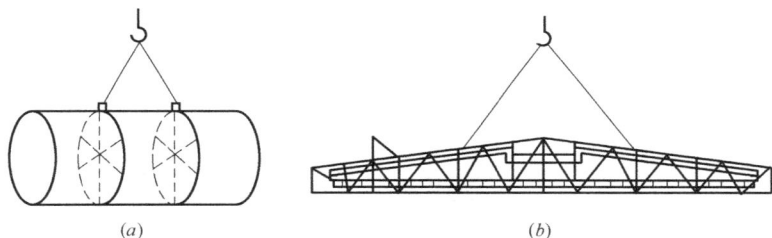

图 5-5　吊运结构件临时加固

(a) 薄壁构件临时加固吊装；(b) 大型屋架临时加固吊装

5.1.5　物体绑扎

物体的绑扎方法有平行吊装绑扎法和垂直斜形吊装绑扎法等。

(1) 平行吊装绑扎法

平行吊装绑扎法一般有两种。一种是用一个吊点，适用于短小、重量轻的物体。在绑扎前应找准物体的重心，使被吊装的物体处于水平状态，这种方法简便实用，常采用单支吊索穿套结索法吊装作业。根据所吊物体的整体性和松散性，选用单圈或双圈穿套结索法，如图 5-6 所示。

另一种是用两个吊点，这种吊装方法是绑扎在物体的两端，常采用双支穿套结索法和吊篮式结索法，如图 5-7 所示，吊索之间夹角不得大于 120°。

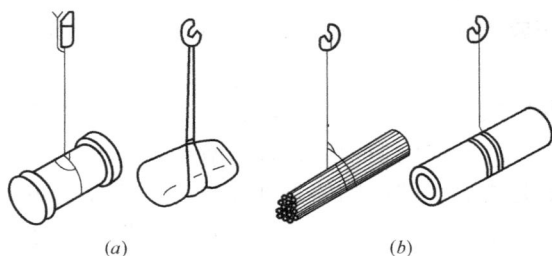

图 5-6　单、双圈穿套结索法

(a) 单圈；(b) 双圈

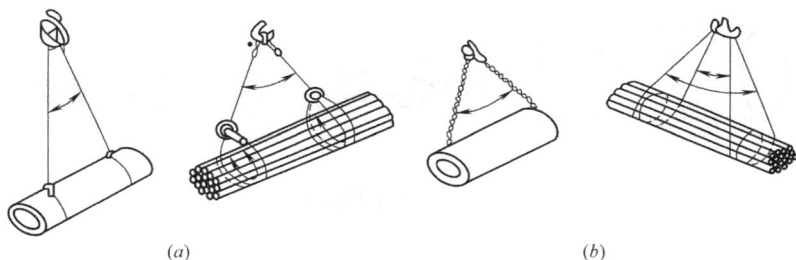

图 5-7　双圈穿套及吊篮结索法

(a) 双支单双圈穿套结索法；(b) 吊篮式结索法

（2）垂直斜形吊装绑扎法

垂直斜形吊装绑扎法多用于物体外形尺寸较长、对物体安装有特殊要求的场合。其绑扎点多为一点绑法（也可两点绑扎）。绑扎位置在物体端部，绑扎时应根据物体质量选择吊索和卸扣，并采用双圈或双圈以上穿套结索法，防止物体吊起后发生滑脱，如图 5-8 所示。

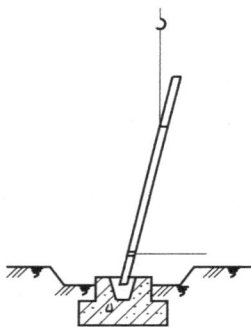

图 5-8　垂直吊装绑扎

物体绑扎方法较多。应根据作业

的类型、环境、设备的重心位置来确定。通常采用平行吊装两点绑扎法。如果物体重心居中可不用绑扎,采用兜挂法直接吊装,如图 5-9 所示。

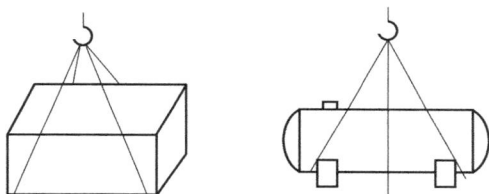

图 5-9　兜挂法

5.2　起重作业的基本操作

5.2.1　撬

在吊装作业中,为了把物体抬高或降低,常采用撬的方法。撬就是用撬杠把物体撬起,如图 5-10 所示。这种方法一般用于抬高或降低较轻物体(约 2000～3000kg)的操作中。如工地上堆放空心板和拼装钢屋架或钢筋混凝土天窗架时,为了调整构件某一部分的高低,可用这种方法。

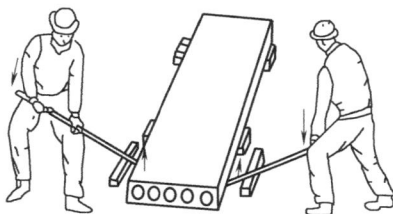

图 5-10　撬

撬属于杠杆的第一类型(支点在中间)。撬杠下边的垫点就是支点。在操作过程中,为了达到省力的目的,垫点应尽量靠近物体，以减小（短）重臂，增大（长）力臂。作支点用的垫物要坚硬，底面积宜大而宽，顶面要窄。

5.2.2　磨

　　磨是用撬杠使物体转动的一种操作，也属于杠杆的第一类型。磨的时候，先要把物体撬起同时推动撬杠的尾部使物体转动（要想使重物向右转动．应向左推动撬杠的尾部）。当撬杠磨到一定角度不能再磨时，可将重物放下，再转回撬杠磨第二次，第三次……

　　在吊装工作中，对重量较轻、体积较小的构件，如拼装钢筋混凝土天窗架需要移位时，可一人一头地磨，如移动大型屋面板时也可以一个人磨，如图 5-11 所示，也可以几个人对称地站在构件的两端同时磨。

图 5-11　磨

5.2.3　拨

图 5-12　拨

　　拨是把物体向前移动的一种方法，它属于第二类杠杆，重点在中间，支点在物体的底下，如图 5-12 所示。将撬杠斜插在物体底下，然后用力向上抬，物体就向前移动。

5.2.4 顶和落

顶是指用千斤顶把重物顶起来的操作，落是指用千斤顶把重物从较高的位置落到较低位置的操作。

第一步，将千斤顶安放在重物下面的适当位置，如图 5-13 (a) 所示。第二步，操作千斤顶，将重物顶起，如图 5-13 (b) 所示。第三步，在重物下垫进枕木并落下千斤顶，如图 5-13 (c) 所示。第四步，垫高千斤顶，准备再顶升，如图 5-13 (d) 所示。如此循环往复，即可将重物一步一步地升高至需要的位置。落的操作步骤与顶的操作步骤相反。在使用液压千斤顶落下重物时，为防止下落速度过快发生危险，要在拆去枕木后，及时放入不同厚度的木板，使重物离木板的距离保持在 5cm 以内，一面落下重物，一面拆去和更换木板。木板拆完后，将重物放在枕木上，然后取出千斤顶，拆去千斤顶下的部分垫木，再把千斤顶放回。重复以上操作，一直到将重物落至要求的高度。

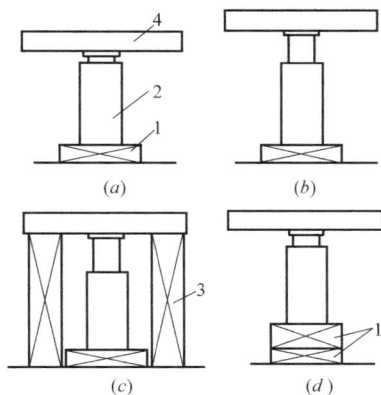

图 5-13　用千斤顶逐步顶升重物程序图
(a) 最初位置；(b) 顶升重物；(c) 在重物下垫进枕木；
(d) 将千斤顶垫高准备再次提升
1—垫木；2—千斤顶；3—枕木；4—重物

5.2.5 滑

滑就是把重物放在滑道上，用人力或卷扬机牵引，使重物向前滑移的操作。滑道通常用钢轨或型钢做成，当重物下表面为木材或其他粗糙材料时，可在重物下设置用钢材和木材制成的滑橇，通过滑橇来降低滑移中的摩擦力。如图 5-14 所示，为一种用槽钢和木材制成的滑橇示意图。滑橇下部由两层槽钢背靠背焊接而成，上部由两层方木用道钉钉成一体。滑移时所需的牵引力必须大于物体与滑道或滑橇与滑道之间的摩阻力。

图 5-14 滑橇
1—槽钢；2—牵引环；3—方木

5.2.6 滚

滚就是在重物下设置上下滚道和滚杠，使物体随着上下滚道间滚杠的滚动而向前移动的操作。

滚道又称走板。根据物体的形状和滚道布置的情况，滚道可分为两种类型：一种是用短的上滚道和通长的下滚道，如图 5-15（a）所示；另一种是用通长的上滚道和短的下滚道，如图 5-15（b）所示。前者用以滚移一般物体，工作时在物体前进方向的前方填入滚杠；后者用以滚移长大物体，工作时在物体前进方向的后方填入滚杠。

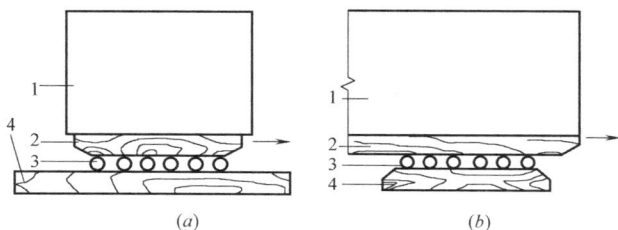

图 5-15　滚道

（a）短的上滚道和通长的下滚道；（b）长的上滚道和短的下滚道
1—物件；2—上滚道；3—滚杠；4—下滚道

上滚道的宽度一般均略小于物体宽，下滚道则比上滚道稍宽。滚移重量不很大的物体时，上、下滚道可用方木做成，滚杠可用硬杂木或钢管。滚移重量很大的物体时，上、下滚道可采用钢轨制成，滚杠用无缝钢管或圆钢。为提高钢管的承载力，可在管内灌混凝土。滚杠的长度应比下滚道宽度长 20～40cm。滚杠的直径，根据荷载的不同，一般为 5～10cm。

滚运重物时，重物的前进方向用滚杠在滚道上的排放方向控制。要使重物直线前进，必须使滚杠与滚道垂直，要使重物拐弯，则使滚杠向需拐弯的方向偏转，纠正滚杠的方向，可用大锤敲击。放滚杠时，必须将头放整齐。

5.3　起重吊装作业

5.3.1　单层工业厂房的吊装

装配式钢筋混凝土单层工业厂房的结构件有柱、基础梁、吊车梁、联系梁、托架、屋架、天窗架、屋面板、墙板及支撑等。构件的吊装工艺有绑扎、吊升、对位、临时固定、校正、最后固定等工序。在构件吊装之前，必须切实做好各项准备工作，包括场地清理，道路的修筑，基础的准备，构件的运输、堆放、就位、拼装加固、检查清理、弹线编号以及吊装机具的装备等。

（1）柱子的吊装

钢筋混凝土柱子类型很多，按其截面形式分有矩形柱、工字形柱和双肢形柱等。一般厂房的柱子重量在 2000～3000kg 之间，大型工业厂房的柱子有的重达 100000kg 以上。

现场预制的钢筋混凝土柱子一般都是平卧（大面朝上）浇制的。为了便于清理和使柱子在起吊中不断裂，应先用起重机将柱身翻转 90°，使小面朝上，并移到吊装的位置堆放。

柱子起吊前，要将基础杯口里面的垃圾清除干净，杯形基础要弹出十字线，柱身要弹出中线（弹三面，两个小面和一个大面）。对厂房的轴线和跨距要进行检查。为了保证吊车梁的标高在同一水平面上，应根据各柱子牛腿面至柱脚的实际尺寸调整其标高，使柱子安装后各牛腿面的标高基本一致。

1）柱子的绑扎

柱子的绑扎方法、绑扎位置和绑扎点数，应根据柱子的形状、断面、长度、配筋和起重机性能等因素确定。一般中小型柱子（自重 13000kg 以下），大多数绑扎一点；重型柱子或某些配筋少而细长的柱子（如挡风柱），为了防止在起吊中发生断裂，常需绑扎两点，甚至两点以上；有牛腿的柱子，一点绑扎的位置，常选在牛腿以下处（拆卸吊索方便），但如牛腿以上部分较长，有时也绑在牛腿以上处。吊装工字形断面的柱子，绑扎点应选在实心处（矩形短面处），否则，应在绑扎位置中用方木加固翼缘，防止翼缘在起吊过程中损坏，如图 5-16 所示。同理，双肢柱的绑扎点应选在平腹杆处，如图 5-17 所示。

绑扎柱常用的工具为吊索和卸扣。此外，还有各种专用的吊具，如销子、横吊梁等。所用吊具应具有足够的强度，以确保安全施工。在吊索与构件之间还应垫上麻袋、木板等，以免吊索与构件之间相互摩擦造成损伤。常用的绑扎方法有：

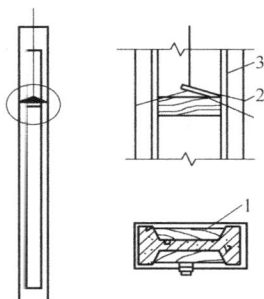

图 5-16 工字形柱绑孔点加固
1—方木；2—吊索；3—工字形柱

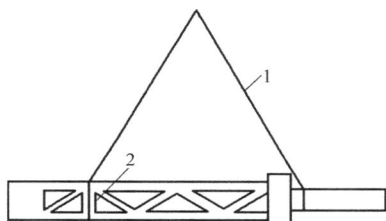

图 5-17 双肢柱的绑扎位置
1—吊索；2—平腹杆

① 斜吊绑扎法

当柱子的大面抗弯能力满足吊装要求时，可采用斜吊绑扎法，如图 5-18 所示。这种方法的优点是：直接把柱子在平卧的状态下从底模上吊起，不需翻身，也不用横吊梁（铁扁担）；柱身起吊后呈倾斜状态，吊索在柱子大面的一侧，起重钩低于柱顶。当柱身较长，起重臂长度不足时，可用此法绑扎。但因柱身倾斜，就位时对正底线比较困难。

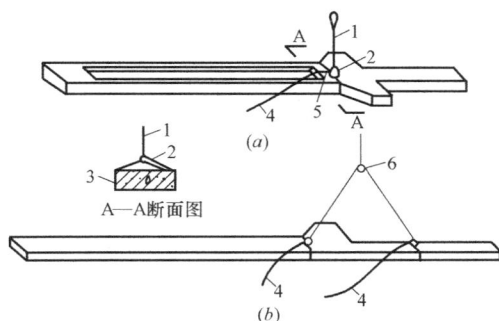

图 5-18 斜吊绑扎法
（a）一点绑扎；（b）两点绑扎
1—吊索；2—卸扣；3—柱子；4—棕绳；5—铅丝；6—滑车

采用斜吊绑扎法时，为简化施工操作，减轻劳动强度，可采用专用吊具——柱销，这种吊具的用法是：在柱子吊点处预留孔洞，绑扎时将柱销插入预留孔中，反面用一个垫圈、一个插销将柱销拴紧，即可起吊。脱销时，将吊钩放松，在地面先将插销拉脱，再利用拉绳或吊杆旋转将柱销拉出，如图 5-19 所示。

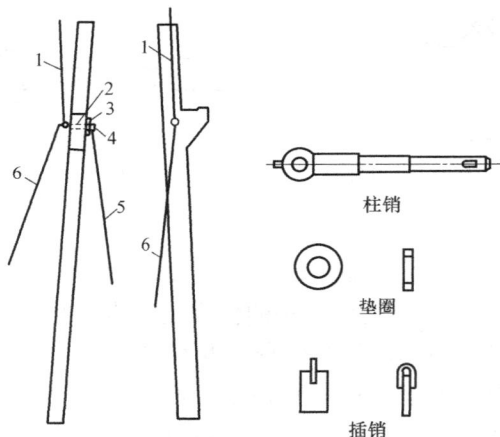

图 5-19　用柱销连接吊装柱子
1—吊索；2—柱销；3—垫圈；4—插销；5—插销拉绳；6—柱销拉绳

② 直吊绑扎法

柱子的大面抗弯能力不足时，就要在吊装前先将柱子翻身，再绑扎起吊，这时就要采取直吊绑扎法。这种绑扎法是用吊索绑牢柱身，从柱子大面两侧分别扎住卸扣，再与横吊梁相连，如图 5-20 所示。起吊后，横吊梁跨于柱顶上，柱身呈直立状态，便于垂直插入杯口。但因横吊梁高过柱顶，因此需要较大的起重高度。图 5-21 为其他柱子绑扎方法的示意图。

2）吊升

柱子的吊升方法，应根据柱子重量、长度、起重机性能和现场条件而定。

① 单机吊装

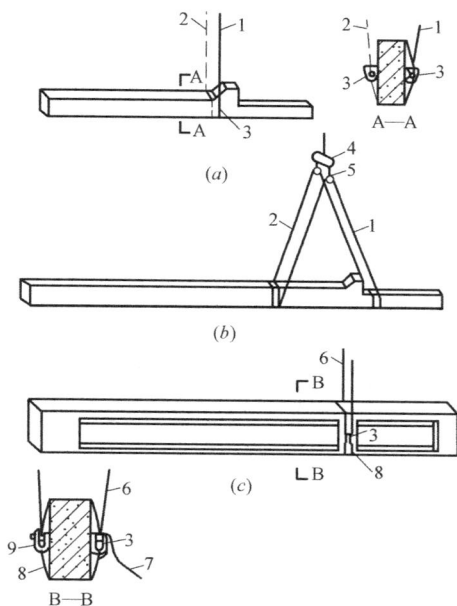

图 5-20　直吊绑扎法

（a）一点绑扎；（b）两点绑扎；（c）长短吊索绑扎

1—第一支吊索；2—第二支吊索；3—卸扣；4—横吊梁；5—滑车；

6—长吊索；7—棕绳；8—短吊索；9—卸扣

采用单机吊装时，一般有旋转法和滑行法两种吊升方法。

旋转法。这种方法是起重机边提升边回转，使柱子绕柱脚旋转而吊起插入杯口。为在吊升过程中保持一定的回转半径（起重臂不变幅），在预制或堆放柱子时，应使柱子的绑扎点、柱脚中心和杯口中心三点共圆弧，该圆弧的圆心为起重机的回转中心，半径为圆心到绑扎点的距离。柱子排放时，应尽量使柱脚靠近基础，以提高吊装速度，如图 5-22 所示。

如遇条件限制，不能布置成三点共圆弧时，也可采取绑扎点或柱脚与杯口中心两点共圆弧。这种布置法在吊升过程中，要改变回转半径，升降起重臂，工效较低，且不够安全。

193

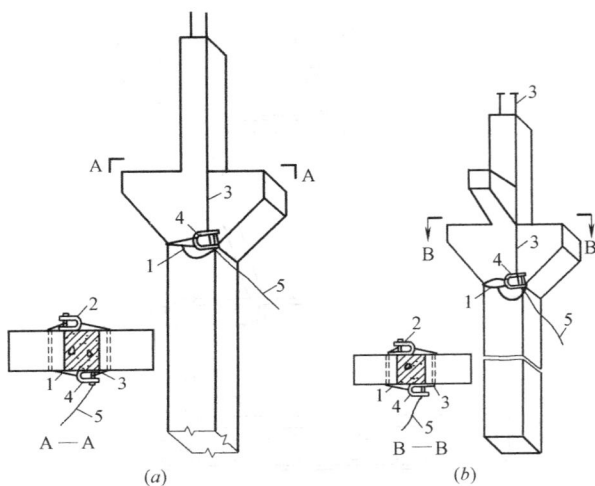

图 5-21　其他柱子绑扎方法

（a）二面牛腿柱绑扎方法；（b）三面牛腿柱绑扎方法

1—短吊索；2—卸扣；3—长吊索；4—卸扣；5—棕绳

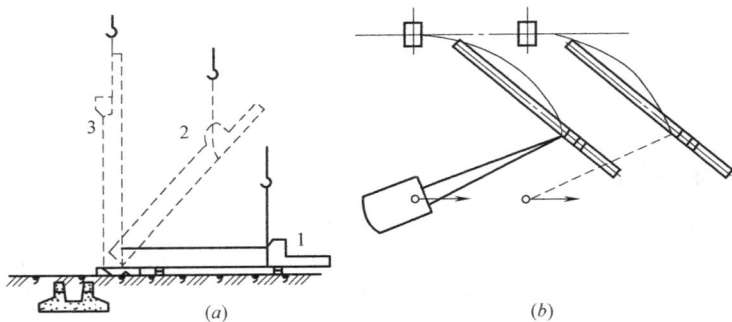

图 5-22　旋转法吊柱

（a）旋转过程；（b）平面布置

1—柱平放时；2—起吊中途；3—直立

　　滑行法。柱子吊升时，起重机只升吊钩，起重臂不动，使柱脚沿地面滑行逐渐直立，然后插入杯口。采用滑行法吊升时，柱

子的绑扎点应布置在杯口附近，并与杯口中心位于起重机的同一
工作半径的圆弧上，以便将柱子吊离地面后，稍移动起重臂，即
可就位，如图 5-23 所示。

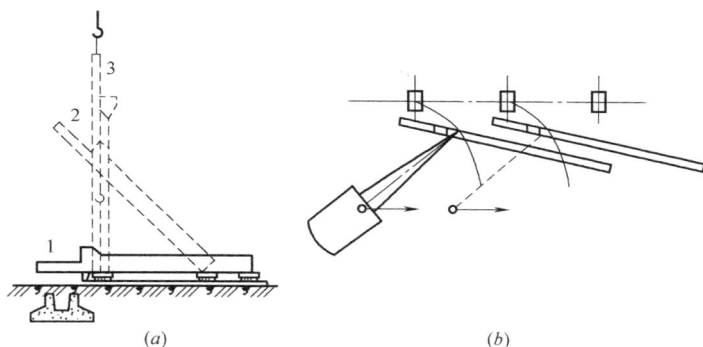

图 5-23 滑行法吊柱
（a）滑行过程；（b）平面布置
1—柱平放时；2—起吊中途；3—直立

用旋转法吊升柱子，在吊装过程中柱子所受的振动较小，生
产率较高，但对起重机的机动性要求较高。与旋转法相比较，采
用滑行法吊升柱子的缺点是在滑行过程中柱子受震动，需有减小
柱子滑行阻力的措施。优点是在起吊过程中，起重机只需稍转动
起重臂，即可将柱子吊装就位，比较安全。因此，一般中小型柱
子多采用旋转法。当柱子较重、较长，起重机在安全荷载下的回
转半径不够时；当现场狭窄，柱子无法按旋转法排放时以及使用
臂架式起重机吊装时，方可采用滑行法。

为减少滑行时柱脚与地面的摩阻力，需在柱脚下设置托板、
滚杠并铺设滑行道，如图 5-24 所示。

② 双机抬吊

当柱子重量大，一台起重机吊不动时，则采用两台起重机抬
吊，即双机抬吊。双机抬吊有滑行法和递送法两种。

滑行法。滑行法的平面布置如图 5-25（a）所示，柱子斜向

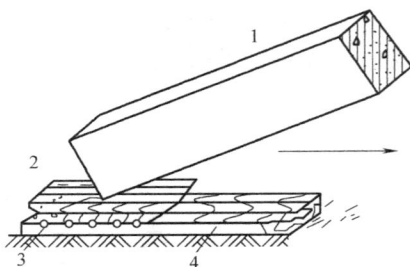

图 5-24　减少滑行阻力

1—柱；2—托木；3—滚筒；4—滚道

布置，并注意使起吊绑扎点尽量靠近基础杯口。吊装时先将柱子翻身就位，在柱脚下设置托板、滚杠并铺好滑行道；然后两机相对而立同时起升，直至柱子被垂直吊离地面时为止，最后两机同时落钩使柱子插入杯口，如图 5-25（b）所示。

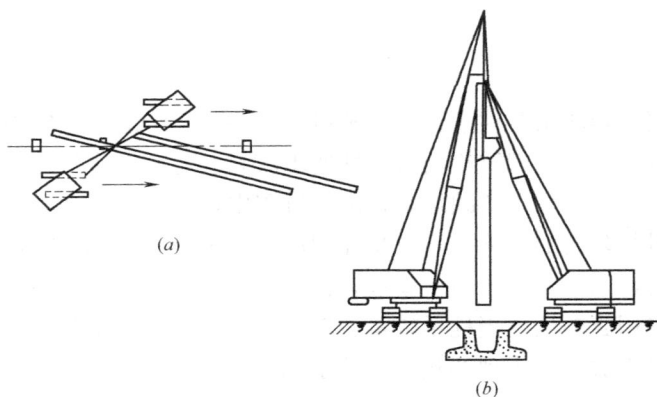

(a)

(b)

图 5-25　双机抬吊滑行法

（a）平面布置；（b）把柱子吊离地面

　　递送法。递送法的平面布置和递送过程如图 5-26 所示。双机抬吊递送法中的两台起重机，一台作为主机起吊柱子，另一台作为副机起吊柱脚，配合主机起钩，随着主机的起吊，副机要进行跑车和回转，将柱脚递送到基础杯口上面。在一般情况下，副机将柱脚递送到杯口后即卸去吊钩，让主机单独将柱子就位（此时主机承担柱子的全部重量），如主机不能承担柱子全部重量，则需用主、副机同时将柱子落到设计位置后副机才能卸钩。此时，为防止吊在柱子下端的起重机减载，在抬吊过程中，应始终使柱子保持倾斜状态，直至将柱子落到设计位置后，再由吊于柱子上端的起重机徐徐旋转吊杆将柱子转直。

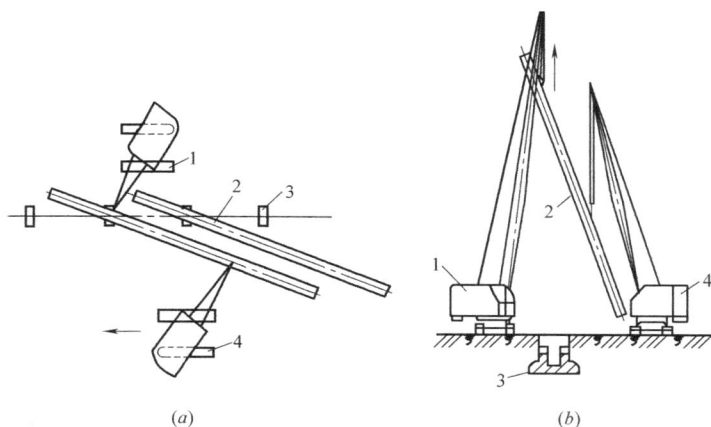

图 5-26　双机抬吊递送法
（a）平面布置；（b）柱子吊离地面
1—主机；2—柱子；3—基础；4—副机

　　双机抬吊应注意尽量选用两台同类型的起重机，根据两台起重机的类型和柱的特点，选择绑扎位置与方法，对两台起重机进行合理的载荷分配为确保安全，各起重机的载荷不宜超过其额定起重量的 80%。用递送法吊装时，如副机只起递送作用，应考虑主机满载。在操作中，两台起重机的动作必须互相配合，两机的吊钩滑车组不能有较大倾斜，以防止一台起重机失重而使另一台超载。

　　3）就位和临时固定
　　起重机落钩将柱子放到杯底后应进行对线工作。采用无缆风绳校正时，应使柱身中线对准杯底中线，在基础杯口用硬木楔或钢楔做临时固定，楔子应逐步打紧，防止使对好线的柱脚走动。细长柱子的临时固定应增设缆风绳。起吊较重的柱子时，当起重机起重臂仰角大于 75°，在卸钩时应先落起重臂，防止吊钩拉斜柱子和起重臂后仰。

当柱高为 10m 以下时，可用木楔、钢楔或混凝土固定柱子根部；当柱高大于 10m 时，可用钢楔、千斤顶固定，也可用缆风绳或斜撑配合固定。用于临时固定的楔子，宜露出杯口 100～150mm，以便柱子校正时调整。

4）校正

柱子经临时固定后，必须经过平面位置（就位时校正）和垂直度的校正方可作最后固定。

① 平面位置校正

平面位置校正有钢钎校正法和反推法两种方法。钢钎校正法是将钢钎插入基础杯口下部，两边垫以旗形钢板，然后敲打钢钎移动柱脚，如图 5-27 所示。反推法是假定柱偏左，需向右移，先在左边杯口与柱间空隙中部放一大锤，如柱脚卡了石子，应将右边的石子拨走或打碎，然后在右边杯口上放丝杠千斤顶推动

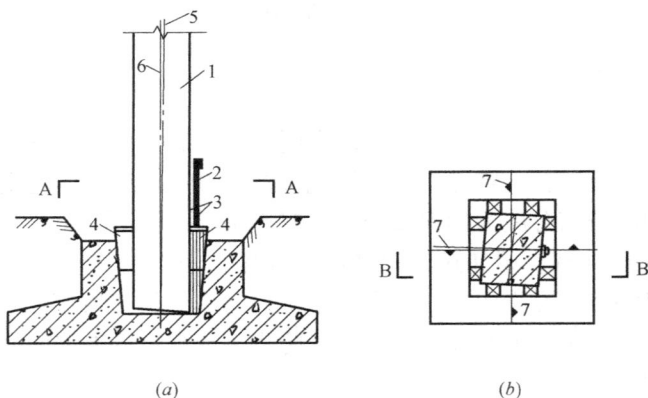

(a)   (b)

图 5-27　敲打钢钎法校正柱垂直度

(a) B-B 剖视；(b) A-A 剖视

1—柱；2—钢钎；3—旗形钢板；4—钢楔；5—柱中线；6—垂直线；7—直尺

柱，使之绕大锤旋转以移动柱脚，如图 5-28 所示。

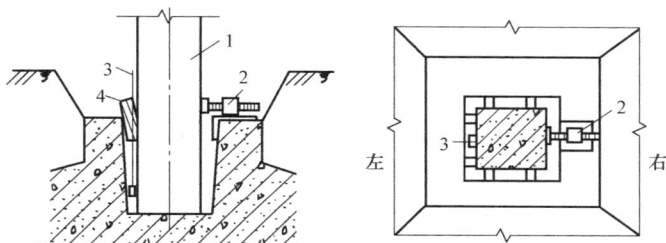

图 5-28 用反推法校正柱平面位置
1—柱；2—丝杠千斤顶；3—大锤；4—木楔

② 垂直度校正

垂直度校正在柱子的两个相互垂直的平面内同时进行，设两台经纬仪同时观测。就位位置如仍与设计位置有较大的偏差，应边吊边校，即应将柱再次吊起，重新对线就位。不得在牛腿上拖拉梁，也不得使用撬杠沿纵向撬动梁。

柱子垂直度程度校正般均采用无缆风绳校正法。重量较轻的柱子采用敲打杯口楔子或敲打钢钎等专用工具校正，如图 5-27 所示；重量较重的柱子则需采用千斤顶校正，如图 5-29、图 5-30 所示。

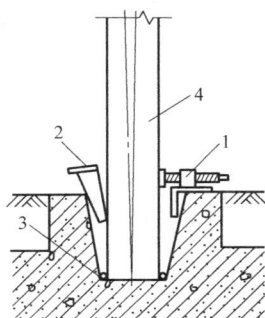

图 5-29 千斤顶平顶法
校正柱子垂直度

1—丝杠千斤顶；2—楔子；
3—石子；4—柱

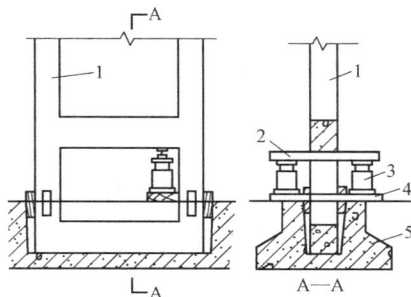

图 5-30 千斤顶立顶法校正双肢柱垂直度
1—双肢柱；2—钢梁；3—千斤顶；
4—垫木；5—基础

5）固定

对校正完毕的柱子，应及时进行最后固定。即在柱子杯口内浇筑强度高一级的细石混凝土。浇筑混凝土前应清除杯口内的杂物和积水。

灌缝前，应将杯口空隙内的杂物清除干净，并用水湿润柱子和杯口壁。对于因柱底不平或柱脚底面倾斜而造成柱脚与杯底间有较大空隙的情况，应先灌一层稀水泥砂浆，填满空隙后，再灌细石混凝土。灌缝工作一般分两次进行。第一次灌至楔子底面，待混凝土强度达到设计强度的 25％后，拔出楔子，全部灌满。捣混凝土时，不要碰动楔子。

采用缆绳或斜撑校正的柱子，必须在第二次浇筑的混凝土达到设计强度的 75％后，方可拆除缆绳或斜撑。

（2）吊车梁的吊装

钢筋混凝土吊车梁一般有 T 形截面、鱼腹式和组合式形状。

1）绑扎、起吊、就位和临时固定

吊车梁的安装为了稳定的需要，应在柱永久固定并达到强度要求、柱间永久支撑安装完毕后进行。吊车梁的绑扎点应对称地设在梁的两端，两根吊索要等长，吊索收紧后与梁的水平夹角不得小于 45°，是为保证梁的侧向稳定需要。吊车梁起吊后要基本保持水平。在梁的两端应使用溜绳以控制梁的转动。就位时应缓慢落钩，使吊车梁的端面与柱牛腿面的横轴线对准。如横轴线未对准，应将吊车梁吊起，再重新对位，如图 5-31 所示。一般钢筋混凝土吊车梁在就位时用垫铁垫平即可，不需采取特殊的临时固定措施。但当梁的高度与底宽之比大于 4 时，应采取临时固定措施，以防倾倒。

重型吊车梁可待屋盖系统安装完毕后统一校正，检查梁

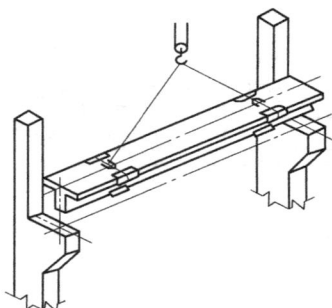

图 5-31　吊车梁的吊装

纵轴线是否一致，两列吊车梁之间的跨距是否符合设计要求，梁的尺寸窄而高时，应采用支撑或用 8 号钢丝将梁捆于柱子上。

2）校正

中小型吊车梁的校正工作宜在屋盖吊装后进行，重型吊车梁如在屋盖吊装后校正难度较大，常采取边吊边校法施工，即在吊装就位的同时进行校正。混凝土吊车梁校正的主要内容包括垂直度和平面位置校正，两者应同时进行。

① 垂直度校正

吊车梁垂直度用靠尺、线锤检查。T 形吊车梁测其两端垂直度，鱼腹式吊车梁测其跨中两侧垂直度。校正吊车梁的垂直度时，要将吊车梁抬起，在吊车梁底端与柱牛腿面之间垫入斜垫块。可根据吊车梁的轻重使用千斤顶等进行，也可在柱上或屋架上悬挂捯链，将吊车梁需垫块的一端吊起。

② 平面位置校正

吊车梁平面位置校正，包括直线度（使同一纵轴线上各梁的中线在一条直线上）和跨距两项。中小型吊车梁可用拉钢丝法和仪器放线法校正。重型吊车梁常采取边吊边校法校正。

3）固定

一般钢筋混凝土梁就位后校正完用垫铁垫平即可，不用采取特殊的临时固定措施。但当梁的高度与宽度之比大于 4 时，可用 8 号钢丝交梁捆于柱上，以防脱钩后倾倒。

在校正完毕后，应立即将梁与柱上的预埋件进行焊接，并在接头处支模，浇灌细石混凝土。

（3）屋架的吊装

钢筋混凝土屋架有三角形屋架、梯形屋架，拱形屋架、折线形屋架和组合屋架等型式。工业厂房的钢筋混凝土屋架，一般在现场平卧叠浇。吊装的施工工序是：绑扎，扶直（翻身）、就位、临时固定、校正和固定。

屋架吊装前应将纵横轴线用经纬仪投于柱顶，并于柱顶弹屋架安装线。另外应在屋架上弦自中央向两边分别弹出天窗架、屋面板的安装位置线并在屋架下弦两端弹出安装用的纵横轴线。

1）绑扎

屋架的绑扎点，应选在上弦节点处或其附近，对称于屋架的重心。扶直时吊索与水平线的夹角不宜小于 60°，吊装时不宜小于 45°。吊点的数目及位置，与屋架的型式和跨度有关，一般由设计部门确定。如施工图上未注明或需改变吊点数目和位置时，应事先对吊装应力进行验算。

屋架跨度小于或等于 18m 时绑扎两点即可，跨度大于 18m 时需绑扎四点；当跨度大于 30m 时，应考虑采用横吊梁，以减小起重高度；三角形组合屋架由于整体性和侧向刚度较差，且下弦为圆钢或角钢，必须用横吊梁绑扎，最好加绑木杆等加固。常见屋架的绑扎方法见表 5-1。

屋架的绑扎方法   表 5-1

屋架名称	示　意　图	说　明
18～24m 钢筋混凝土屋架	 1—长吊索对折使用	两支吊索，四点绑扎，适用于翻身和起吊
30m 钢筋混凝土屋架	 1—长吊索对折使用；2—单根吊索； 6—单门滑车；7—横吊梁	使用 9m 横吊梁，两个单门滑车和四根吊索（横吊梁上两根，横吊梁下两根），绑扎四点。适用于翻身和起吊
30m 或 36m 半榀钢筋混凝土屋架	 3—平衡吊索；4—长吊索穿滑车组 5—双门滑车；6—单门滑车	用一个双门滑车、三个单门滑车和一根长吊索穿滑车组，绑扎于 B、C、D 三点。另用一根平衡吊索（单根）使屋架起吊后下弦水平，适用于半榀屋架翻身

屋架名称	示 意 图	说 明
36m 钢筋混凝土屋架	1—长吊索对折使用； 2—单根吊索	每台起重机使用一根长吊索和一根短吊索,长吊索对折绑于 A、B(或 A′或 B′)两节点上。后机两根吊吊索的长度要考虑后机吊起屋架后能够"调档"适用于双机抬吊
三角形组合屋架	1—长吊索对折使用； 8—铅丝；9—加固木杆	下弦为钢筋的组合屋架,用四点绑扎,并绑木杆加固下弦。下弦为型钢的组合屋架,跨度小于 12m 的可只绑扎两点。适用于翻身和起吊
钢筋混凝土屋架	1—长吊索对折使用	两根吊索对折,把屋架夹在中间,绑于下弦。此法可降低起吊高度,适用于用较短吊杆起吊屋架,钢丝绳要在结点处用小绳定位,防止内滑
钢屋架	1—吊索	适用于单机吊装。因下弦受压,如需加固,应加固下弦
钢屋架	1—长吊索对折使用； 2—加固木杆	适用于双机抬吊,因上弦受压,故加固上弦

屋架名称	示　意　图	说　明
钢屋架、钢天窗架	 1—竖向加固木杆；2—横向加固木杆； 3—天窗架；5—长吊索对折	两根吊索对折，把天窗架夹在中间，以保持天窗架稳定。此法可免除天窗架高空安装

注："调档"即起重机吊着构件将它从吊杆一侧通过吊杆下铰点转至另一侧的操作。

2）翻身（扶直）

由于屋架在现场平卧预制、在吊装前，先要翻身扶直，并将其吊运至预定地点就位，由于起重机与屋架的相对位置不同，扶直屋架有两种方法：

① 正向扶直。起重机位于屋架下张一侧，首先以吊钩对准上弦中点，收紧吊钩，然后略微升高起重臂，使屋架脱模。接着起钩、升杆，使屋架以下弦为轴级缓转至直立状态。如图 5-32（a）所示。

② 反向扶直。起重机位于屋架上弦一边，吊钩对准上弦中点，随着起钩、降杆，使屋架绕下弦转动而直立，如图 5-32（b）所示。

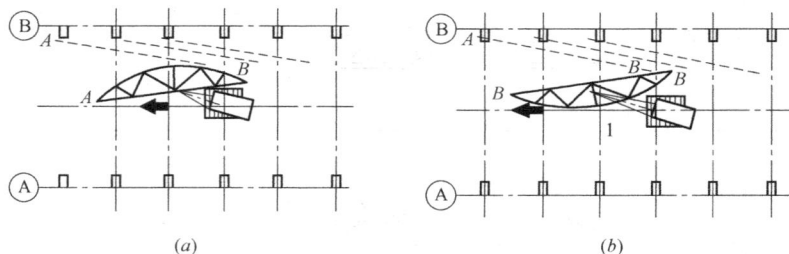

(a)　　　　　　　　(b)

图 5-32　屋架的扶直

（a）正向扶直；（b）反向扶直

两种扶直方法的不同点，是在扶直过程中，一升杆，一降杆，以保持吊钩始终在上弦中点的垂直上方。升杆比降杆易于操作，也较安全，因此，应尽可能采用正向扶直。

③ 屋架翻身的操作注意事项。屋架是平面受力构件，扶直时，在自重作用下屋架承受着平面外力，部分地改变了构件的受力性质，特别是上弦杆极易挠曲开裂，因此事先必须进行吊装应力的验算。如截面强度不够，要采取加固措施。同时，在操作时应注意以下几个方面：

a. 重叠生产的屋架翻身时，需在屋架两端用木方搭井字架，井字架顶面与要翻起的屋架下口齐平，以便屋架在翻转立直后搁置其上，防止屋架在翻身过程中由高处滑到地面而损坏。

b. 先将起重机吊钩基本上对准屋架平面的中心，松开转向刹车，然后略起吊杆使屋架脱模，接着起钩，同时配合起吊杆，争取一次将屋架扶直。做不到一次扶直时，应将屋架转到与地面成 70°后再刹车，以防损坏屋架。屋架快扶直时，应调整吊钩对准下弦中点，以防离地后摆动太大。

c. 重叠屋架间有严重粘结时可先用撬杠撬，或用钢钎，必要时用捯链脱模。

d. 屋架扶直后，应临时放置好。放置的位置与起重机的性能和吊装方法有关，应少占场地，便于吊装，且应考虑屋架的安装顺序，两头朝向问题。一般靠柱边斜放，放置位置范围在布置预制构件平面图时应加以确定。

3）吊装

屋架的吊装，根据屋架的大小、型式和场地情况，可进行单机吊装和双机抬吊。

① 单机吊装

屋架扶直后的临时放置是靠各种支撑稳定的，起吊时必须待起重机升钩拉紧吊索后，才能将支撑拆除。屋架两端应绑扎溜绳，吊升时应先将屋架吊离地面 50cm 左右，将屋架中心对准安装位置中心，然后再起钩，以尽量减少起重机将屋架吊至高空后

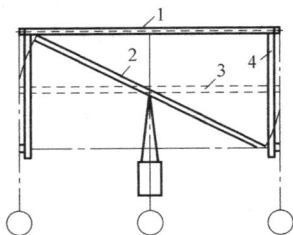

图 5-33　单机吊装

1—已吊装屋架；2—吊装屋架；
3—就位处；4—吊车梁

的行走和起落吊杆的动作，如图 5-33所示。屋架起吊后应基本保持水平，吊至柱顶以上，用两端溜绳旋转屋架，使其基本对准安装轴线，随之慢慢落钩，在屋架刚接触柱顶时，即刹车进行就位，使屋架的端头轴线与柱顶轴线重合，对好线后，即进行临时固定。屋架固定稳妥后，起重机才能脱钩。

② 双机抬吊

当屋架的重量较大，一台起重机的起重量不足时，可使用两台起重机抬吊。双机抬吊多采用一机回转一机跑吊法，如图5-34所示。

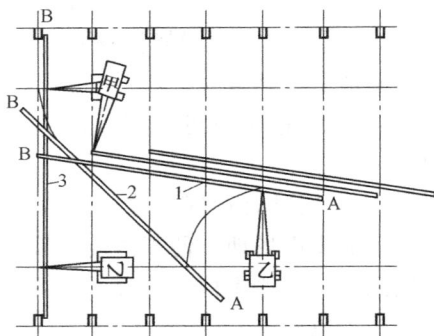

图 5-34　双机抬吊

甲—回转起重机；乙—跑动起重机

1—准备起吊的屋架；2—调档后的屋架；3—准备就位的屋架

屋架立放在跨中，两台起重机分别停在屋架的两侧，共同起吊屋架，甲机在吊装过程中只回转不移动，乙机在吊装过程中需回转及移动。当两机同时起钩将屋架吊离地面约1.5m时，乙机将屋架端头从吊杆一侧转向另一侧（也称调档）。当采用履带起重机作此动作需要考虑屋架端头不得与起重机履带及起重臂相碰，如图 5-35 所示，根据调档要求，按式（5-1）确定乙机的吊点位置。

$$d \leqslant R - F - C \qquad (5\text{-}1)$$

式中　d——吊点至屋架端点的
　　　　　距离（m）；
　　　R——起重半径（m）；
　　　F——起重机底铰至回转
　　　　　中心的距离（m）；
　　　C——吊装间隙，一般取
　　　　　0.3～0.5m。

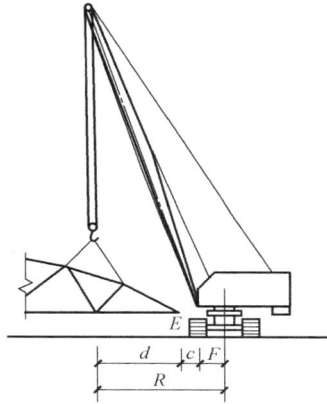

图 5-35　调档计算简图

双机抬吊屋架时，可使用不同类型的起重机，但必须对两机进行统一指挥，使之互相配合，动作协调。在整个吊装过程中，两台起重机的吊钩滑车组，都应基本保持垂直状态，起吊时两机将各自的吊索拉紧后方可拆除稳定屋架的木撑。双机抬吊屋架起吊时，主机应先将屋吊离支垫，而落钩时则副机应先将屋架就位到柱头上。

4）临时固定、校正和固定

第一榀屋架的临时固定必须十分可靠，因为它是单片结构，侧向稳定性很差，一般是在两侧各设置两道缆风绳作临时固定和校正用，有防风柱的可与防风柱连接固定。第二榀屋架的校正和临时固定是以第一榀屋架为支承点，用屋架校正器（或其他自制的专用工具）进行，其余各榀屋架的校正调整和临时固定与第二榀屋架方法相同。如图 5-36 所示。15m 跨以内的屋架用一根校正器，18m 跨以上的屋架用两根校正器。为消除屋架旁弯对垂直度的影响，可用挂线卡子在屋架下弦一侧外伸一段距离拉线，并在上弦用同样距离挂线锤检查，跨度在 24m 以内且无天窗的屋架，检查跨中一点，有天窗架时，检查两点，30m 以上的屋架，检查两点。当使用两根校正器同时校正时，摇手柄的方向必须相同，快慢也应基本一致。

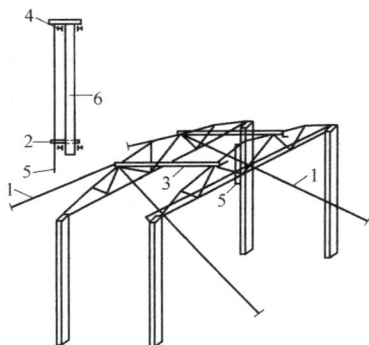

图 5-36　用屋架校正器临时固定和校正屋架
1—第一榀屋架上缆风；2—卡在屋架下弦的挂线卡子；3—校正器；
4—卡在屋架上弦的挂线卡子；5—线锤；6—屋架

伸缩缝处的一对屋架可用小校正器（构造与上述屋架校正器相同）临时固定和校正。

屋架经校正后，就可上紧锚栓或电焊作最后固定。用电焊作最后固定时，应避免同时在屋架两端的同一侧施焊，以免因焊缝收缩使屋架倾斜。应待施焊完 2/3 焊缝长，即最后固定已得到基本的可靠保证时，才能摘钩。

5.3.2　装配式预制构件的吊装

装配式建筑在目前施工现场开始逐步推广，混凝土预制构件的施工现场吊装作业，还是具备代表性的。

（1）吊装方案

装配式预制构件吊装具有房屋高度大、占地面积较小，预制构件类型多、数量大、接头复杂、技术要求较高等特点，因此，在考虑结构吊装方案时，应着重解决吊装机械的选择和布置、吊装顺序和吊装方法等问题。其中，吊装机械的选择是主要环节，所采用的吊装机械不同，施工方案亦各异。现就采用行走式塔式起重机、履带起重机和自升式塔式起重机的吊装方案，分别简述如下。

1) 采用行走式塔式起重机吊装方案

① 起重机的选择

行走式塔式起重机在低层装配式框架结构吊装中使用较广。其型号选择，主要根据房屋的高度与平面尺寸，构件重量及安装位置，以及现有机械设备而定。选择时，首先应分析结构情况，绘出剖面图，并在图上注明各种主要构件的重量 Q 及吊装时所需的起重半径 R，然后根据起重机械性能，验算其起重量、起重高度和起重半径是否满足要求，如图 5-37 所示。

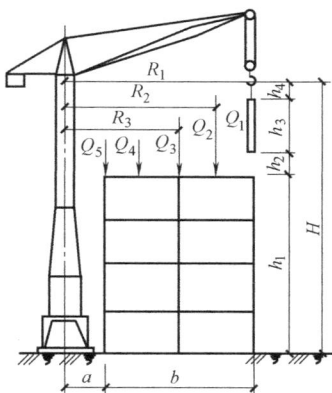

图 5-37　塔式起重机工作参数计算简图

塔式起重机的起重能力用起重力矩表示，应分别计算出吊装主要构件的起重力矩，即 $M_i = Q_i R_i$（kN·m），取其最大值作为选择依据。

② 起重机的布置

起重机的布置，一般有单侧布置、双侧布置、跨内布置和环形布置四种方案。

a. 单侧布置

如图 5-38（a）、（b）所示。当房屋宽度小，构件重量较轻时常采用单侧布置。此时，其起重半径 R 应满足：

$$R \geqslant b + a \qquad (5\text{-}2)$$

式中　b——房屋宽度（m）；

　　　a——房屋外侧至塔轨中心线的距离，$a = 3 \sim 5\mathrm{m}$。

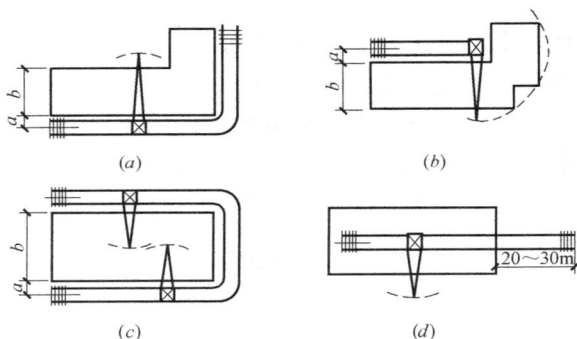

图 5-38　塔式起重机布置方案

（a）、（b）单侧布置；（c）双侧布置；（d）跨内单行布置

此种布置的优点是轨道长度较短，并在起重机的外侧有较宽的构件堆放场地。

b. 双侧布置

如图 5-38（c）所示适用于房屋宽度较大或构件较重的情况，起重半径应满足：

$$R \geqslant b + a \qquad (5\text{-}3)$$

式中　b——房屋宽度（m）；

　　　a——房屋外侧至塔轨中心线的距离，$a = 3 \sim 5\mathrm{m}$。

当吊装工程量大，且工期紧迫时，可在房屋两侧各布置一台起重机；反之，则可用一台起重机环形吊装。

c. 跨内布置

图 5-38（d）所示为跨内单行布置。这种方案往往是因场地狭窄，在房屋外侧不可能布置起重机，或由于房屋宽度较大、构

件较重时才采用。其优点是可减少轨道长度，并节约施工用地。缺点是只能采用竖向综合安装，结构稳定件差；构件多布置在起重半径之外，需增加二次搬运，对房屋外侧围护结构吊装也较困难；同时房屋的一端还应有 20～30m 的场地，作为塔式起重机装拆之用。

d. 环形布置。

当房屋较宽、构件较重、起重机跨内单行布置不能起吊全部构件，而受场地限制又不可能跨外环形布置时，则宜采用跨内环形布置。

③ 吊装物体现场布置

物体的现场布置是否合理，对提高吊装效率、保证吊装质量及减少二次搬运都有密切关系。因此，物体的布置也是多层框架吊装的重要环节之一。其原则是：

a. 尽可能布置在起重半径范围内，以免二次搬运；

b. 重型构件靠近起重机布置，中小型则布置在重型构件外侧；

c. 构件布置地点应与吊装就位的布置相配合，尽量减少吊装时起重机的移动和变幅；

d. 构件叠层预制时，应满足安装顺序要求，先吊装的底层构件在上，后吊装的上层构件在下；

e. 柱为现场预制的主要构件，布置时应先予以考虑。其布置方式，有与塔式起重机轨道相平行、倾斜及垂直三种方式，如图 5-39 所示，平行布置的优点是可以将几层柱通长预制，能减

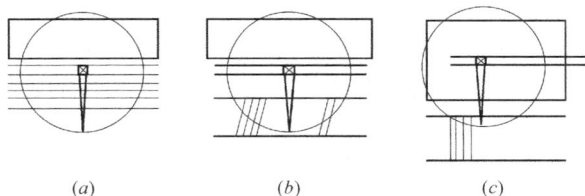

图 5-39　使用塔式起重机吊装柱的布置方案

(a) 平行布置；(b) 倾斜布置；(c) 垂直布置

少柱接头的偏差。倾斜布置可用旋转法，适用于较长的柱。当起重机在跨内开行，为了使柱的吊点在起重半径范围，柱宜与房屋垂直布置。

图 5-40 为塔式起重机跨外环形吊装五层房屋框架结构的构件布置方案。全部柱分别在房屋两侧预制，采用两层叠浇，紧靠塔式起重机轨道外侧倾斜布，方案的特点是：重构件（柱）布置靠近起重机，梁、板等轻型构件布置在外边，这样能充分发挥起重机的能力，柱的起吊也较方便；全部构件均能位于起重机的有效工作范围内，房屋内部和塔式起重机轨道内均不布置构件，有利于文明施工。但该方案要求房屋两侧有较宽的场地。

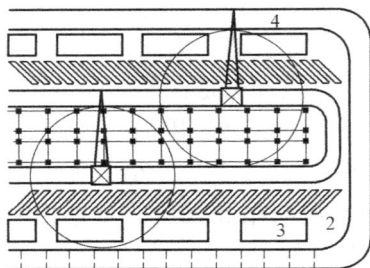

图 5-40　塔式起重机跨外环行构件布置
1—塔式起重机；2—柱预制场地；3—梁板堆放场地；4—临时道路

④ 行走式塔式起重机吊装的特点

采用行走式塔式起重机吊装框架结构的优点是：具有较大的有效安装空间，可避免起重臂与已吊装好的构件相碰，且作业范围大，有利于分层分段吊装，塔式起重机吊装效率高，不但能吊装所有的构件，同时还能吊运其他建筑材料；构件的现场布置亦较灵活等。但其缺点是拆装费时，需铺轨道，且建筑物高度不能超过行走式塔式起重机的独立高度。因此，当房屋高度不大时，则宜采用履带起重机、轮胎起重机或汽车起重机进行吊装。

2）采用履带式起重机吊装方案

履带式起重机起重量大，可负载移动，故在装配式建筑吊装中经常采用，尤其是当建筑结构外形不规则时，更能显示其优点。但它的起重高度和起重半径均较小，起重臂易碰到已吊装的构件。

履带式起重机的开行路线，有跨内开行和跨外开行两种。当构件重量较大时常采用跨内开行，采用竖向综合吊装方案，将各层构件一次吊装到顶，起重机由房屋一端向另一端开行。如采用跨外开行，则宜将构件分层以提高吊装效率。

由于框架的柱距较小，一般起重机在一个停点可吊两根柱，柱的布置则可平行纵轴线或斜向纵轴线。

图 5-41 所示是履带式起重机跨内开行吊装一幢两层三跨框架结构的构件布置图，柱斜向布置在中跨基础旁，两层叠浇。起重机在两个边跨开行。梁板布置在房屋两外侧，位于起重机有效工作范围内。

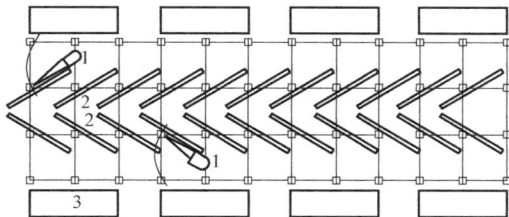

图 5-41　履带式起重机跨内开行构件布置
1—履带式起重机；2—柱的预制场地；3—梁、板堆场

3）采用自升式塔式起重机吊装方案

对于高层装配式建筑，由于高度较大，只有采用自升式塔式起重机才能满足起重高度的要求。

自升式塔式起重机可布置在房屋内，随着房屋的升高往上爬升，亦可附着在房屋外侧。布置时，应尽量使建筑平面和构件堆场位于起重半径范围内。图 5-42 所示为某 10 层公寓采用自升式塔式起重机的施工平面布置图。

（2）预制构件安装方法

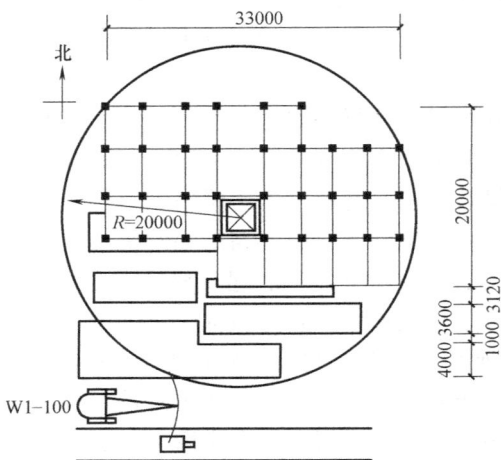

图 5-42　自升式塔式起重机吊装预制构件

1) 安装前准备

根据构件最大起重量选择吊具,包括吊索、卸扣、手拉葫芦。选用吊具时,安全系数一般不得小于1.2倍最大起重量。钢丝绳安全系数最好扩大为五倍。吊索和吊装构件吊装夹角度一般控制在不小于45°。

异形构件、墙板、叠合板、叠合梁等构件需要使用起吊扁担;钢扁担应按照《钢结构设计规范》(GB 50017—2017)4.1.1～4.1.3的计算方式验算抗弯强度、抗剪强度、挠度和稳定性。

预制构件进场后,应按照施工方案中吊装顺序对进场构件进行分类分区有序堆放,并将堆放位置进行记录并归档。有序的构件堆放顺序有利于提升现场吊装施工顺序。在墙板堆放的过程中应做好安全防护措施,确保板材直立堆放、无滑动空间;对楼梯板、阳台板等异形构件应确保各层间垫有方木,最大堆放层数应在计算后确定,不得超高堆放。

2) 安装控制

预制构件吊装有平吊、直吊、翻转吊等方法，吊装过程构件受力不要超过结构配筋，主要吊装点如图 5-43 所示。

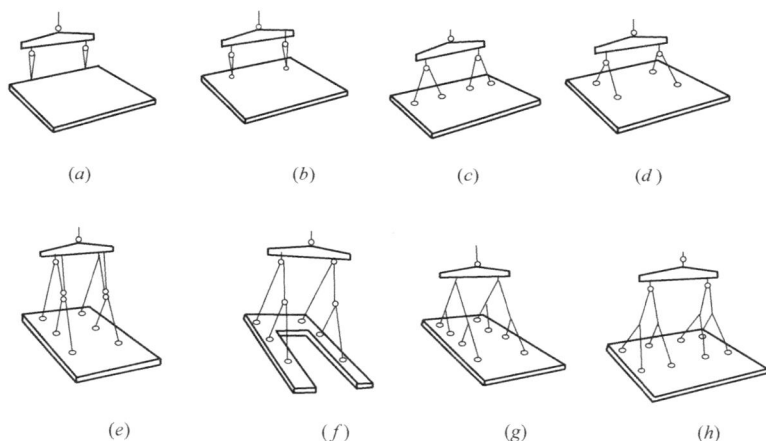

图 5-43　吊装点示意图

(a) 端部两点起吊；(b) 单排两点起吊；(c) 单排 4 点起吊；
(d) 双排 4 点起吊；(e) 三排 6 点等索力起吊；(f) 三排两列 6 点起吊；
(g) 四排两列 8 点起吊；(h) 双排四列 8 点起吊

预制构件吊装前，应以楼层 500mm 标高线为依据，采用水准仪控制垫块的标高。垫块顶标高为竖向板底标高。预制构件垫块放置与后续调平工序应精确进行。构件的工程验收一般基于《装配式混凝土结构技术规程》（JGJ 1—2014）的规定进行，其中对标高的控制要求为误差在 ±5mm 内。

在预制墙板安装前，应在墙板上的内侧弹出 1000mm 水平安装线，以便后期安装时进行水平控制。此步骤俗称弹一米线，是预制构件安装中调整水平是控制标高的主要措施。

在预制构件安装时，预埋插筋与套筒的连接是安装构件的关键环节（图 5-44），尤其是在首层施工时：插筋顺利的插入套筒对插筋的预埋的精确度要求很高。预埋插筋的定位和限位可以使用定型化安装工具实现。即根据钢筋直径和间距制作钢筋定位的套板，通过与梁板钢筋、结构模板以及外侧脚手架的可靠连接与限位，对套板进行的准确定位。避免由于钢筋定位不准，导致钢筋需割断重新植筋的情况发生。

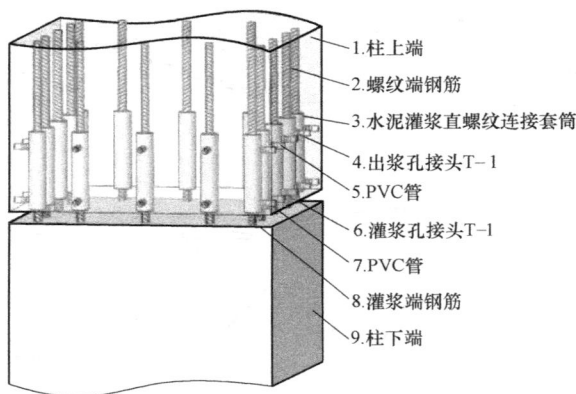

1. 柱上端
2. 螺纹端钢筋
3. 水泥灌浆直螺纹连接套筒
4. 出浆孔接头T-1
5. PVC管
6. 灌浆孔接头T-1
7. PVC管
8. 灌浆端钢筋
9. 柱下端

图 5-44　柱预埋插筋与套筒连接

3）施工工序流程

a. 吊装前策划吊装线路，按单元模块吊装，为下一道工序提供工作面，形成流水施工；

b. 构件进行逐一编号，按编号顺序吊装，吊装顺序考虑吊装可行性；

c. 构件进场临时堆放也应按照吊装先后顺序由外向内堆放。

（3）安装注意事项

1）起吊前应检查钢丝绳、吊具、卸扣、葫芦、吊环、螺丝是否符合使用要求；

2）在预制构件堆场内，施工人员安装吊具和固定斜撑用拉环；然后吊钩落下，将吊钩挂在吊具上，塔机将钢丝绳拉起处于松软状态但不提起，观察并调整吊钩位置；

3）指挥塔机将预制构件提起离地 20cm 左右，使用手拉葫芦将预制构件调节平衡；

4）指挥人员指挥塔机起吊预制构件，应慢起、快升；

5）预制构件从上部下落至离安装位置面 1.5m 左右，施工人员通过抓住预制构件两侧锚固钢筋进行扶稳；按照预制构件位置线缓缓下落，下落至离位置面 5～10cm 左右时，用手拉葫芦将预制构件底部调节至垫块面上；

6）当预制构件位置与定位线相差较大时，应重新将预制构件吊起调整；当与定位线误差较小时，可采用撬棍进行调整；

7）安装上部斜撑，将上部斜撑挂钩挂在上部拉环上，并将斜撑顶端旋转扣扣紧，然后上部斜撑底部通过与楼面预埋的预埋件相连并固定斜撑底部旋转扣扣紧；用旋转杆旋转斜撑将预制构件调整至大致垂直；

8）安装下部斜撑，并对下部斜撑上部、底部旋转扣扣紧；将吊具卸掉并将吊具、钢丝绳送至头顶以上，塔机吊走，进行下一块预制构件吊装；

9）用钢尺测量预制构件控制线与预制构件位置偏差，对下部斜撑进行旋转调整并固定；墙板底部位置固定后，用水平靠尺（或线锤）检查板面垂直度，并通过对上部斜撑进行旋转调节，直至垂直度符合要求。

5.3.3　特殊构件的吊装

（1）门式刚架的绑扎和吊装

门式刚架是柱梁一体的刚性构件，有双铰、三铰等形式，如图 5-45 所示。门式刚架一般都在现场就地预制。双铰门式刚架，

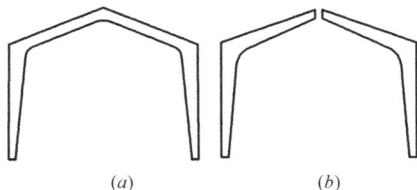

图 5-45　门式刚架

（a）双铰门式刚架；（b）三铰门式刚架

跨度较小的整体预制；跨度大的，常预制成两个"┏"和一个
"∧"形。三铰门式刚架常预制成两个"┏"形。连接门式刚架
的中柱，则常预制成"Y"形。

1）绑扎方法

门式刚架的绑扎可视具体情况采用两点或三点绑扎。图5-46
(a) 中两个绑扎点 B 和 C 的选择，要使 △ABD 中，AB＝AD，
这样刚架吊起后，起重机吊钩通过重心 G，能使刚架柱子保持垂
直，便于安装，图 5-46 (b) 为三点绑扎，其中用一根长吊索绑
两点，另用一根平衡吊索保持刚架柱子垂直。平衡吊索的长度，
应经过估算并在起吊第一个刚架时，根据实际情况确定后用钢丝
绳夹固定，也可用捯链进行调整。图 5-46 (c) 为"Y"形刚架三
点绑扎方法，图 5-46 (d) 为人字梁的绑扎方法，要注意绑扎点
的连线必须经过重心，以防起吊时倾翻。

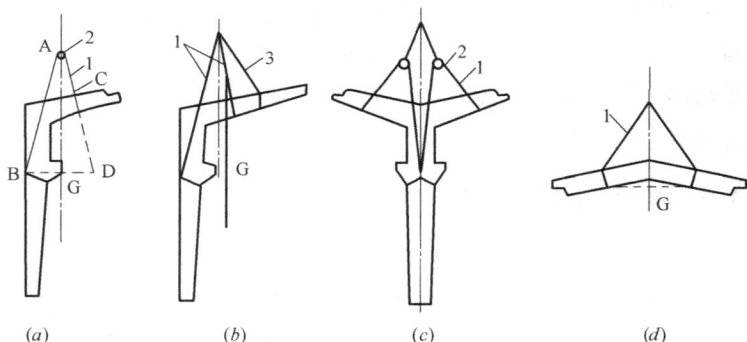

图 5-46　门架的绑扎
(a) 两点绑扎；(b)、(c) 三点绑扎；(d) 人字形门架
1—吊索；2—卸扣；3—横索

2）临时固定

门式刚架与基础的连接为铰接，杯口很浅，所以刚架的临时
固定，除在杯口打入 8 个楔子外，还必须在悬臂端用临时架子支
承，如图 5-47 所示。架子顶部应距刚架悬臂底部 50～60cm，以

便放置千斤顶（校正用）和楔子。在纵向，第一榀刚架用缆风绳或支撑作临时固定和校正，以后各榀刚架也可用屋架校正器作临时固定和校正。

3）校正

刚架在横轴线方向的倾斜，用架子上的千斤顶校正。因刚架重心在跨内，由于杯口楔子松动，架子变形等原因，刚架

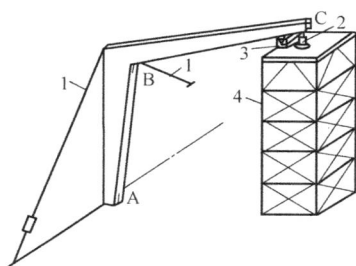

图 5-47　钢架临时固定和校正
1—缆风绳；2—千斤顶；
3—木垫；4—临时架子

往往要向内倾斜，因此，校正时，常使刚架向跨外预偏5～10mm。

刚架在纵轴线方向的倾斜，用缆风绳、支撑或屋架校正器校正，如图 5-48 所示。方法是：同时观察 A、B、C 三点，使这三点都在一个垂直面上，可先校正柱子部分的倾斜，使 A、B 两点同在一条垂线上，再检查 C 点，如有偏差，可用撬杠拨动悬臂

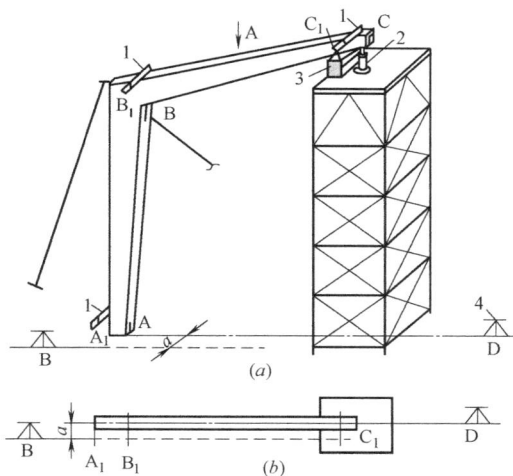

图 5-48　刚架的校正
（a）正面图；（b）俯视图
1—卡尺；2—千斤顶；3—垫木；4—经纬仪

219

来调整。观测 A、B、C 三点时，经纬仪应架设在刚架的横轴线的 D 点上。如有困难，可用平移法，将经纬仪架设在 E 点上，用卡尺将 A、B、C 三点平移至 A_1、B_1、C_1，三点，并通过校正使之同在一个垂直面上。

已校正好的刚架，中部节点应立即焊接固定，柱间支撑亦应及时安装，并随即对柱角进行二次灌浆，这是为了刚架的整体稳定能有可靠的保证。

（2）V 形折板的吊装

1）吊装前的准备

折板吊装前应对支座的位置、尺寸和三角坡度进行检查，以保证折板起吊后，张开的角度一致和受力均匀。

2）吊具与吊点的设置

折板必须使用横吊梁采取多点吊装，吊点距离为 2~2.5m，如图 5-49 所示。

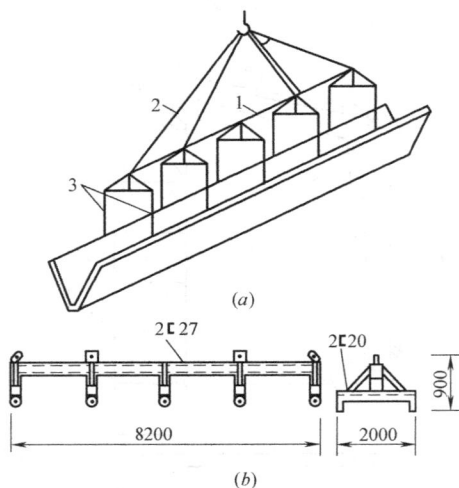

图 5-49　V 形折板吊装

（a）V 形折板吊运；（b）横吊梁

1—横吊梁；2—上部吊索；3—下部吊索

3）为了防止折板"塌腰"及扭曲变形，需采取下列措施：

① 每隔 2～3m 用临时拉杆拉住折板边缘，并调整花篮螺栓至初步受力后方可松钩。

② 调整花篮螺栓，使折板脊缝、底缝平直，宽窄均匀，防止折板两边伸出的预留筋相碰，产生板压板的现象。

③ 调整后，立即将两块板的吊环相焊，吊环用撬杠撬弯，折平，不要用锤敲击，以防将板面混凝土打坏。吊环不要拱起。

④ 如折板的跨度过大，可在板下面设临时支撑，以防折板"塌腰"。

⑤ 调整、焊接后应立即进行灌缝工作。

（3）外形不规则构件的吊装

在多层装配式框架结构中，有时会遇到一些外形不规则的构件，这些构件没有对称面，或者只有一个对称面。这类构件的吊装，关键在绑扎，如绑扎不当，起吊后构件倾斜，安装就十分困难。这类构件根据其外形的特点，大致分为无横向对称面构件、无纵向对称面构件和体形复杂构件三类。

1）无横向对称面构件的吊装

无横向对称面的构件，在它的立面投影图上没有对称轴。图 5-50（a）所示为两个截面积不相等的 H 形框架柱，图 5-50（c）为纺织车间常用的锯齿形天窗架，都属于这类构件。这类构件如绑扎不当，将发生倾斜，解决的办法是采用 2 根或 4 根长度不相等的吊索来绑扎起吊，如图 5-50（b）、（d）所示。每根吊索长度可根据构件重心及绑扎点位置计算确定。

图 5-51 为锯齿形天窗架吊索长度计算简图（具体计算过程略）。

2）无纵向对称面构件的吊装

无纵向对称面的构件，它的横截面图形上没有对称轴。这类构件如绑扎不当，起吊时将发生横向倾斜。正确的方法是在捆绑时使两吊索和构件重心同在垂直于构件底面的平面内。对于横向挑檐较短的梁，可用吊索直接捆绑；对于横向挑檐较长的梁，用

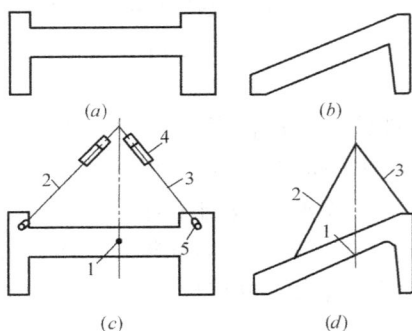

图 5-50　无横向对称面构件的吊装

(*a*)、(*b*) 不对称 H 形构件绑扎；(*c*)、(*d*) 锯齿形天窗架绑扎

1—重心；2—长吊索；3—短吊索；4—滑轮组；5—钢销

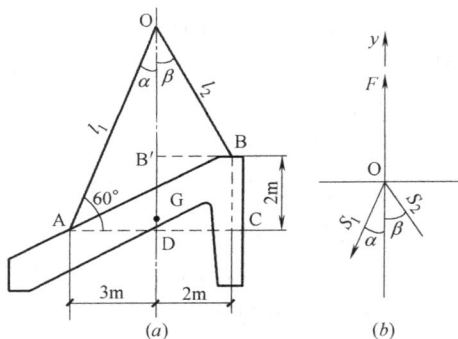

图 5-51　锯齿形天窗架吊索长度计算简图

(*a*) 吊点位置设置图；(*b*) 吊钩吊点受力图

吊索直接捆绑，会使挑檐损坏，应在梁内预埋吊环，用卸扣连接吊索与吊环起吊，如图 5-52 所示。

　　3) 体形复杂构件的吊装

　　这类构件因体形复杂，计算工作量大，难度较高，即使算出来，需要的吊索规格也很多。所以可采用捯链调平的办法进行绑扎，如图 5-53 所示。

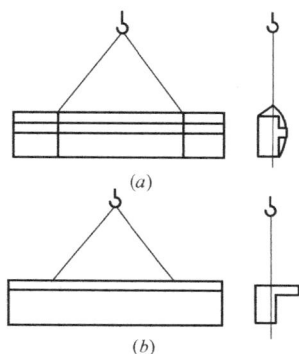

图 5-52　无纵向对称面构件的吊装

(a) 短挑沿；(b) 长挑沿

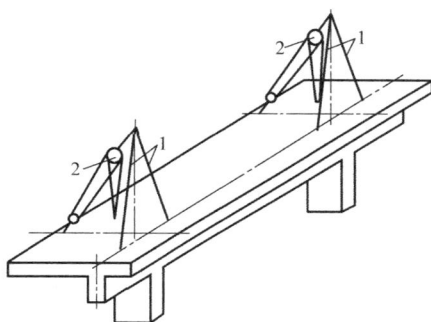

图 5-53　体形复杂构件的吊装

1—吊索；2—捯链

（4）大型墙板的吊装

大型装配式墙板的吊装方法主要有储存吊装法和直接吊装法两种。

1）储存吊装法

构件从生产场地按型号、数量配套，直接运往施工现场吊装机械工作半径范围内储存，然后进行安装。它的特点是：

① 有充分的时间做好安装前的施工准备工作，可保证墙板

安装连续进行；

② 墙板安装和卸车可分日、夜班进行，能充分利用机械；

③ 占用场地较多，需用较多的插放（或靠放）架。

2）直接吊装法

直接吊装法又称原车吊装法。它是将墙板由生产场地按墙板安装顺序配套运往施工现场，从运输工具上直接向建筑物上安装。它的特点是：

① 可以减少构件的堆放设施，少占用场地；

② 要有严密的施工组织管理；

③ 需要较多的墙板运输车。

5.3.4 机件的吊装

机械设备或机件在安装和维修中都需要吊装。设备或机件的形状是多种多样的，对于不同形状的设备和机件应采取不同的吊装方法，才能保证吊装质量。

（1）弯曲形机件的吊装

在设备、管道等弯曲形状物体的吊装中，有时要求物体做垂直或水平吊装，如图 5-54 所示。

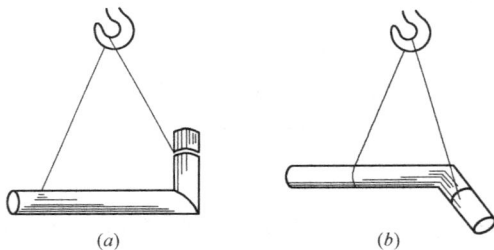

图 5-54 弯曲形机件的吊装

(a)：垂直吊；(b) 水平吊

（2）用机具调节平衡的吊装法

有些设备在吊装中要求严格，吊装中要求有一定的位置，此时可采用机具调节平衡的方法来吊装。

1）用捯链调节平衡的吊装法

设备安装位置要求较高时，可采用捯链调节设备的位置，图5-55是用捯链来调整机件的水平位置，以保证机件的正确安装。

2）用滑车调整位置的吊装法

有些重而大的机件对吊装的要求较高，在吊装过程中需要保持一定的位置，才能使机件顺利

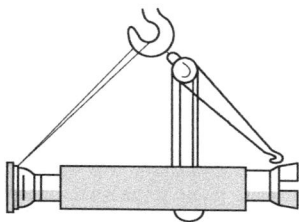

图 5-55　捯链调整位置的吊装法

地装配。除可使用捯链来调整机件的位置外，还可采用滑车来调整机件的位置，如图5-56所示。主滑车7用来吊装机件的整体，

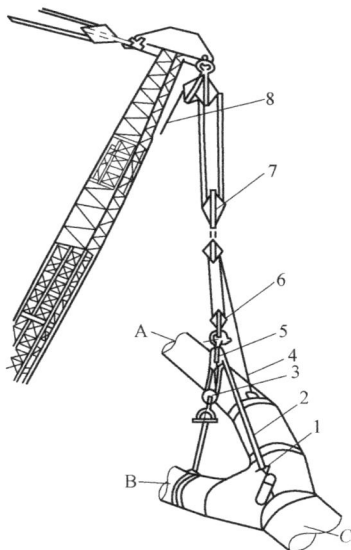

图 5-56　滑车调整位置吊装

1—捯链；2—绳索；3—滑车；4—绳索；
5—滑车；6—滑车；7—主滑车；8—滑车跑绳

滑车 6 用来调整 B、C 的位置，A 点的位置可由主滑车来承担，因绳索 4 是系挂在主滑车上的，当 A 点不动而调整 B、C 两点时，可由滑车 6 来承担，当 C 点不动而调整 B 点的位置时，可由滑车 5 来承担，滑车 5 的跑绳是由捯链驱动的，而捯链是固定在 C 点处的（绳索 2 是系挂在滑车 6 上的）。

（3）大直径、薄壁件的吊装

有些构件直径较大，壁较薄，以及一些用型钢组成的机件，吊装时因应力集中或刚度不够等原因，容易引起变形，因此，在吊装前对机件应采取必要的临时加固措施，以保证在吊装过程中，机件有足够的刚度，不致产生变形。

图 5-57 所示为薄壁管道的吊装。薄壁管在吊装中容易产生变形，故在吊装前需对吊装处的管子内径进行临时加固，以防管径在吊装时产生变形。

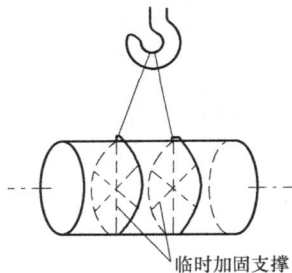

临时加固支撑

图 5-57　薄壁管吊装临时加固示意图

5.3.5　网架的吊装

（1）分条（块）吊装法

分条或分块吊装法，就是把网架分割成条状或块状单元，然后分别吊装就位拼成整体的安装方法。

图 5-58 所示为某体育馆斜放四角锥网架采用分块吊装的实例。该网架平面尺寸为 45m×36m，从中间十字对开分为四块（每块之间留出一节间），每个单元尺寸为 15.75m×20.25m，重

约 12t，用一台悬臂式扒杆在跨外移动吊装就位。就位时，利用网架中央搭设的井字架作临时支撑。

图 5-59 所示为某体育馆双向正交方形网架采用分条吊装的实例。该网架平面尺寸为 45m×45m，重 52t，分割成三条吊装单元，就地错位拼装后，用两台 40t 汽车式起重机抬吊就位。

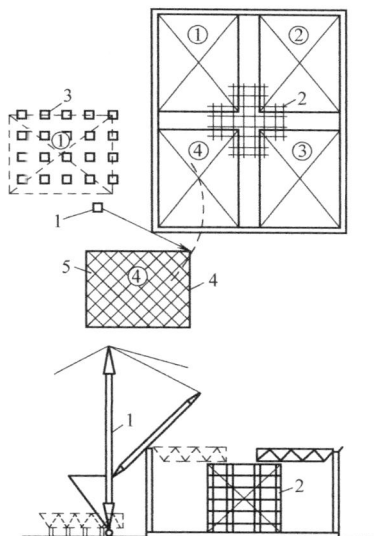

图 5-58　分块吊装法
1—悬臂扒杆；2—井字架；3—拼装砖墩；
4—临时封闭杆；5—吊点

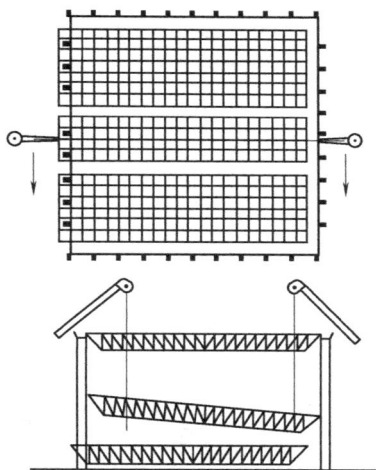

图 5-59　分条吊装

（2）整体吊装法

整体吊装法，是指将网架就地错位拼装后，直接用起重机吊装就位的方法。

图 5-60 所示为某体育馆八角形三向网架，长 88.67m，宽76.8m，重 360t，支承在周边在 46 根钢筋混凝土柱上，就是采用 4 根扒杆，32 个吊点整体吊装就位的。

图 5-61 所示为某体育馆圆形三向网架，直径为 124.6m，重

600t。支承在周边 36 根钢筋混凝土柱上，采用 6 根扒杆整体吊装。

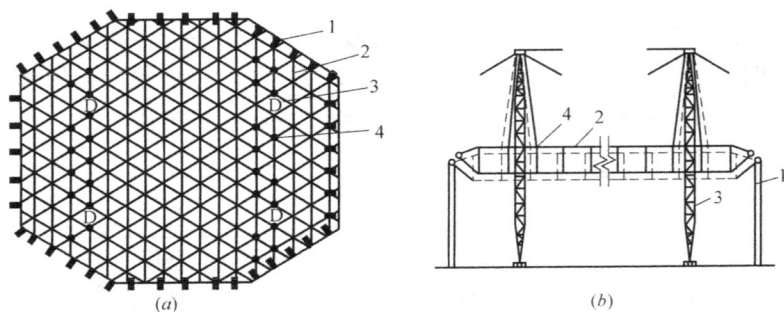

图 5-60 用 4 根扒杆整体吊装
(a) 平面图；(b) 立面图
1—柱；2—网架；3—扒杆；4—吊点

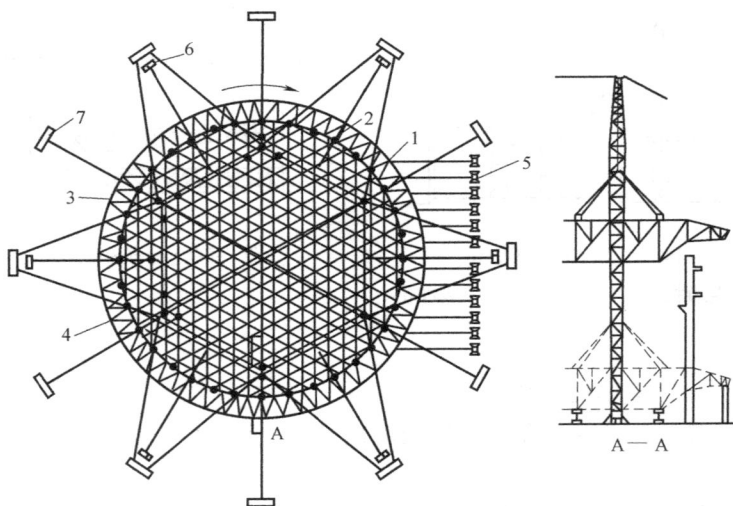

图 5-61 用 6 根扒杆整体吊装
1—柱；2—网架；3—扒杆；4—吊点；5—起重卷扬机；
6—校正卷扬机；7—地锚

（3）高空滑移法

高空滑移法，按滑移方式分为单条滑移法和逐条积累滑移法两种；按摩擦方式又分为滚动式滑移和滑动式滑移两种。

图 5-62 所示为某剧院舞台屋盖 31.51m×23.16m 的正放四角锥网架。就是用 2 台履带式起重机，将在地面拼装的条状单元分别吊至特制的小车上，然后用人工撬动逐条滑移至设计位置。就位时，先用千斤顶顶起条状单元，撤出小车，随即下落就位。这是逐条滚动滑移的实例之一。

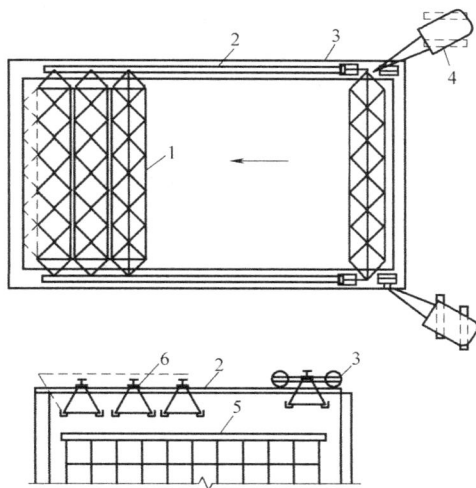

图 5-62　逐条滚动滑移法

1—网架；2—轨道；3—小车；4—履带起重机；

5—脚手架；6—后装的杆件

图 5-63 为某体育馆 45m×45m 斜放四角锥网架，是采用逐条积累滑移法施工。方法是先在地面拼装成半跨的条状单元，然后用悬臂扒杆吊至拼装台上组成整跨的条状单元，再进行滑移。当前一单元滑出组装位置后，随即又拼装另一单元，再一起滑移，依此类推，每拼装一个单元就滑移一次，直至滑移到设计位

置为止。由于该网架是直接在支承结构的滑轨上滑移，故属逐条积累滑动式滑移。滑移的动力，可用卷扬机牵引，亦可用千斤顶。本例则是用 2 台同型号的 3t 卷扬机牵引。

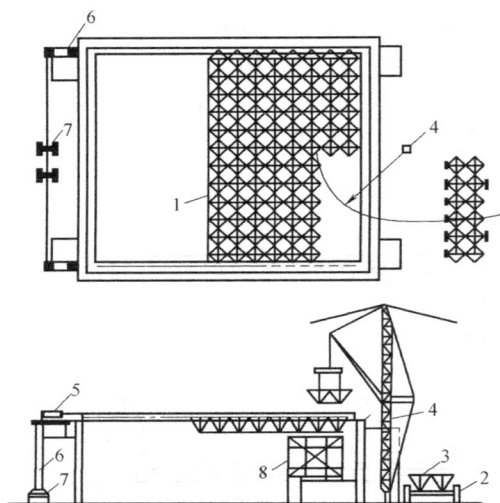

图 5-63　逐条积累滑移法
1—网架；2—拖拉架；3—网架分块单元；4—悬臂扒杆；
5—牵引滑轮组；6—反力架；7—卷扬机；8—脚手架

（4）整体提升法

整体提升法，是将网架在地面上拼装后，利用提升设备将其整体提升到设计标高安装就位。随着我国升板、滑模施工技术的发展，现已广泛采用升板机和液压千斤顶作为网架整体提升设备，并创造了升梁抬网、升网提模、滑模升网等新工艺，开拓了利用小型设备安装大型网架的新途径。

例如，某网架为 44m×60.5m 的斜放四角锥网架，重 116t，就是采用升梁抬网的施工方案，该网架支承在 38 根钢筋混凝土柱的框架上，如图 5-64（a）所示，事先将框架梁按结构平面位置分别在地面架空预制，网架支承于梁的中央，每根梁的两端各设置一个提升吊点，梁与梁之间用 10 号槽钢横向拉接，升板机安放在柱顶，通常吊杆与梁端吊点连接，在升梁的同时，梁也抬着网架上升，如图 5-64（b）所示。

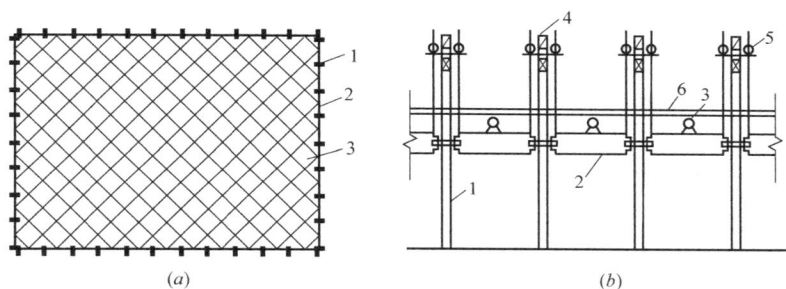

图 5-64　升梁抬网法
（a）网架平面图；（b）升梁抬网工艺
1—柱；2—框架梁；3—网架；4—工具柱；5—升板机；6—屋面板

又如，某风雨球场 40m×60m 斜放四角锥网架，周边支承于劲性钢筋混凝土柱上，如图 5-65、图 5-66 所示，则是采用升网提模的施工方案，即网架在现场就地拼装后，用升板机整体提升网架，在提升网架同时提升柱子模板，浇筑柱子混凝土，使提升网架、提模、浇筑同时进行。

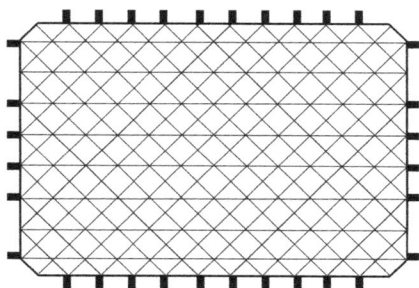

图 5-65　网架平面图

图 5-67 所示则是采用滑模升网的施工方法。网架支承在钢
筋混凝土框架柱上，利用框架液压滑模同步、匀速、平稳的特
点，作为整体提升网架的功能；利用网架的整体刚度和平面空
间，作为框架滑模的操作平台。在完成框架滑模施工的同时，也
将网架提升就位。

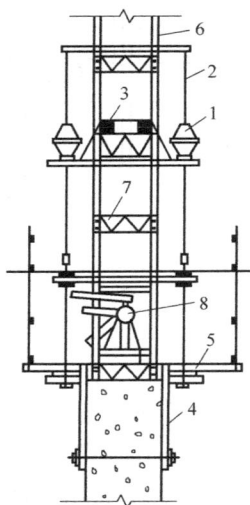

图 5-66　升网提模工艺
1—升板机；2—螺杆；3—承重销；
4—柱子模板；5—操作平台；
6—角钢柱肢；7—桁架式缀板；
8—网架支座

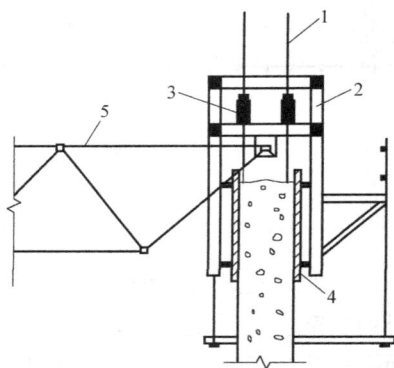

图 5-67　滑模升网法
1—支承杆；2—拉升架；
3—液压千斤顶；4—模板；
5—网架

综上所述，我国的网架施工技术，在工程实践中积累了极其
丰富的经验。但在拟定网架施工方案时，必须根据网架形式、设
备条件、现场情况和工期要求等，全面地进行考虑。

6 起重吊运指挥信号

6.1 手势信号

手势信号是用手势与驾驶员联系的信号，是起重吊运的指挥语言，包括通用手势信号和专用手势信号。

通用手势信号，指各种类型的起重机在起重吊运中普遍适用的指挥手势。通用手势信号包括预备、要主钩、吊钩上升等14种。

专用手势信号，指其有特殊的起升、变幅、回转机构的起重机单独使用的指挥手势。专用手势信号包括升臂、降臂、转臂等14种

6.2 旗语信号

一般在高层建筑、大型吊装等指挥距离较远的情况下，为了增大起重机司机对指挥信号的视觉范围，可采用旗语指挥。旗语信号是吊运指挥信号的另一种表达形式。根据旗语信号的应用范围和工作特点，这部分共有预备、要主钩、要副钩等23个图谱

6.3 音响信号

音响信号是种辅助信号。在一般情况下音响信号不单独作为吊运指挥信号使用，而只是配合手势信号或旗语信号应用。音响信号由5个简单的长短不同的音响组成。一般指挥人员都习惯使

用哨笛音响。这5个简单的音响可和含义相似的指挥手势或旗语多次配合，达到指挥目的。使用响亮悦耳的音响是为了使人们在不易看清手势或旗语信号时，作为信号弥补，以达到准确无误。

6.4　起重吊运指挥语言

起重吊运指挥语言是把手势信号或旗语信号转变成语言，并用无线电、对讲机等通信设备进行指挥的一种指挥方法。指挥站语言主要应用在超高层建筑、大型工程或大型多机吊运的指挥和上作联络方面。它主要用于指挥人员对起重机司机发出具体工作命令。

6.5　起重机驾驶员使用的音响信号

起重机使用的音响信号有三种：

一短声表示"明白"的音响信号，是对指挥人员发出指挥信号的回答。在回答"停止"信号时也采用这种音响信号。

二短声表示"重复"的音响信号，是用于起重机司机不能正确执行指挥人员发出的指挥信号时，而发出的询问信号，对于这种情况，起重机司机应先停车，再发出询问信号，以保障安全。

长声表示"注意"的音响信号，这是一种危急信号，下列情况起重机司机应发出长声音响信号，以警告有关人员：

（1）当起重机司机发现他不能完全控制他操纵的设备时；

（2）当司机预感到起重机在运行过程中会发生事故时；

（3）当司机知道有与其他设备或障碍物相碰撞的可能时；

（4）当司机预感到所吊运的负载对地面人员的安全有威胁时。

附录1 《起重机 钢丝绳 保养、维护、检验和报废》(GB/T 5972—2016)

1 范围

本标准规定了起重机和电动葫芦用钢丝绳的保养与维护、检验和报废的一般要求。本标准适用于在下列类型的起重机上使用的钢丝绳:

a) 缆索及门式缆索起重机;

b) 悬臂起重机(柱式、壁式或自行车式);

c) 甲板起重机;

d) 桅杆及缆绳式桅杆起重机;

e) 刚性斜撑式桅杆起重机;

f) 浮式起重机;

g) 流动式起重机;

h) 桥式起重机;

i) 门式起重机或半门式起重机;

j) 门座起重机或半门座起重机;

k) 铁路起重机;

l) 塔式起重机;

m) 海上起重机,即安装在由海床支承的固定结构或由浮力支承的浮动装置上的起重机。

注:各类起重机的定义参见GB/T 6974.1。

本标准适用于人力、电力或液力驱动的起重机上用于吊钩、抓斗、电磁吸盘、盛钢桶、挖掘或堆垛作业的钢丝绳。

本标准也适用于起重葫芦和起重滑车用钢丝绳。

对于单层缠绕卷筒用的钢丝绳，使用合成材料滑轮或带合成材料绳槽衬垫的金属滑轮时，在钢丝绳表面出现可见断丝和实质性磨损之前，内部会出现大量断丝。基于这一事实，本标准没有给出这种应用组合时的报废基准。

2 规范性引用文件

下列文件对于本文件的应用是必不可少的。凡是注日期的引用文件，仅注日期的版本适用于本文件。凡是不注日期的引用文件，其最新版本（包括所有的修改单）适用于本文件。

ISO17893 钢丝绳术语、标记和分类（Steel wire ropes vocabulary，designation and classify-cation）

3 术语和定义

ISO 17893 界定的以及下列术语和定义适用于本文件。

3.1 公称直径 nominal diameter——d

钢丝绳直径规格的约定值。

3.2 实测直径 measured diameter（实际直径 actual diameter）——d_m

在两个互相垂直的方向上测量的钢丝绳同一横截面外接圆直径的平均值。

3.3 参考直径 reference diameter——d_{ref}

钢丝绳开始使用后立即在没有经受弯曲的钢丝绳区段上测量的实测直径。

注：该直径作为钢丝绳直径等值减小的基准值。

3.4 交叉重叠区域 cross-over zone

钢丝绳在卷筒上缠绕时或在卷筒法兰处由一层上升到另一层时，上下两圈钢丝绳互相交叉重叠的部分。

3.5 圈 wrap

钢丝绳绕卷筒一周。

3.6 卷盘 reel

缠绕钢丝绳的带凸缘的卷盘,用于钢丝绳的装运和储存。

3.7 钢丝绳的定期检验 wire rope periodic inspection

对钢丝绳彻底的外观检查及测量,如果条件许可,还包括对钢丝绳内部状态进行的评估。注:这种检验有时被称为"彻底检查"。

3.8 管理人员 competent person

具备足够的起重机和起重葫芦用钢丝绳的专业知识和实践经验,能够评估钢丝绳的状态、判断钢丝绳是否可以继续使用、规定钢丝绳实施检验的最大时间隔的(钢丝绳检查)人员。

3.9 股沟断丝 valley wire break

发生在内层股接触点或两个外层股之间沟状区域的断丝。

注:发生在相邻两个股沟之间钢丝绳内部的外层断丝,以及绳芯股断裂,也可视为股沟断丝。

3.10 严重程度级别 severity rating

劣化程度的量值,用趋于报废的百分比表示。

注:此比率可能与单一的劣化模式(如断丝或直径减小)有关,也可能与多个劣化模式(如断丝和直径减小)的综合影响有关。

4 保养与维护

4.1 总则

当缺少起重机制造商和/或钢丝绳制造商或供货商提供的有关钢丝绳的使用说明时,钢丝绳的保养和维护应符合 4.2~4.7 的规定。

4.2 钢丝绳的更换

起重机上应安装由起重机制造商规定的正确长度、直径、结构、类型、捻向和强度（如最小破断拉力）的钢丝绳，选择其他钢丝绳时应得到起重机制造商、钢丝绳制造商或主管人员的批准。更换钢丝绳的记录应存档。

对于大直径的阻旋转钢丝绳，特别是在准备试样时，可能需要单独采取措施来固定钢丝绳端，如使用钢制扎带。

如果从较长的钢丝绳上（如批量生产的钢丝绳卷盘）截取所需长度时，应对切割点两侧进行保护，防止切割后松捻（松散）。

对于单层股钢丝绳切割前的保护参见图 1。对于阻旋转钢丝绳和平行捻密实钢丝绳，可能需要成倍增加保护长度。如果保护措施不合适或不充分，轻度预成型的钢丝绳切割后更容易松捻（松散）。

注："保护"有时也被称为"捆扎"。

钢丝绳与卷筒、吊钩滑轮组或机械结构固定点的连接应采用起重机制造商在使用说明书中规定的钢丝绳端固定装置．选择其他钢丝绳端固定装置时应得到起重机制造商、钢丝绳制造商或主管人员的批准。

4.3 钢丝绳的装卸和储存

为了避免发生事故和/或损伤钢丝绳，宜谨慎小心地装卸钢丝绳。

卷盘或绳卷不允许坠落，不允许用金属吊钩或叉车的货叉插入，也不允许施加任何能够造成钢丝绳损伤或畸形的外力。

钢丝绳宜存放在凉爽、干燥的室内，且不宜与地面接触。钢丝绳不宜存放在有可能受到化工产品、化学烟雾、蒸汽或其他腐蚀剂侵袭的场所。

如果户外存放不可避免，则应采取保护措施，防止潮湿造成钢丝绳锈蚀。

对存放中的钢丝绳应定期进行诸如表面锈蚀等劣化迹象的检查，如果主管人员认为必要，还应在表面涂敷与钢丝绳制造时的润滑材料兼容的防护材料或润滑材料。

在温暖环境下，钢丝绳卷盘应定期翻转 180°，防止润滑油

（脂）从钢丝绳内流出。

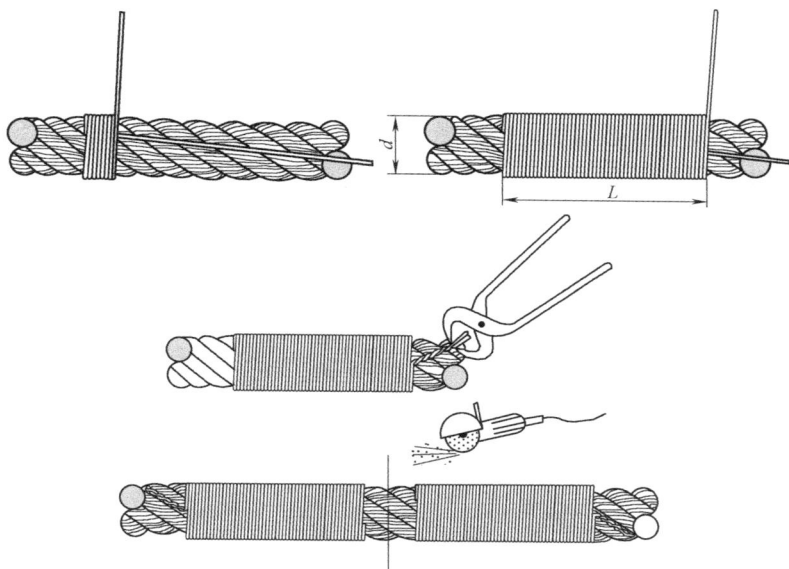

图 1 单层股钢丝绳切割前实施的保护措施
说明：L 至少为 2d。

4.4 安装钢丝绳前的准备

在安装钢丝绳前，最好是在接收钢丝绳时，宜核对钢丝绳及其合格证书，确保钢丝绳符合订货要求。钢丝绳的强度不应低于起重机制造商要求的强度。新钢丝绳的直径应在不受拉的条件下测量并做记录。

核对所有滑轮和卷筒绳槽的情况，以确保其能够满足新钢丝绳的规格要求，没有诸如波纹等缺陷，并且有足够的壁厚来安全支承钢丝绳。

滑轮绳槽的有效直径宜比钢丝绳公称直径大 5%～10%，且至少比新钢丝绳的实际直径大 1%。

4.5 钢丝绳的安装

展开或安装钢丝绳时，应采取各种措施避免钢丝绳向内或向外旋转。否则可能使钢丝绳产生结环、扭结或折弯，导致无法使用。

为了避免出现上述不良趋势，宜将钢丝绳在允许的最小松弛状态下呈直线放出（图2）。

以绳卷状态供货的钢丝绳宜放在可旋转的装置上以直线状态放出，但是绳卷长度较短时，可让外圈钢丝绳端呈自由状态，将其余部分沿着地面向前滚动（图2a）。

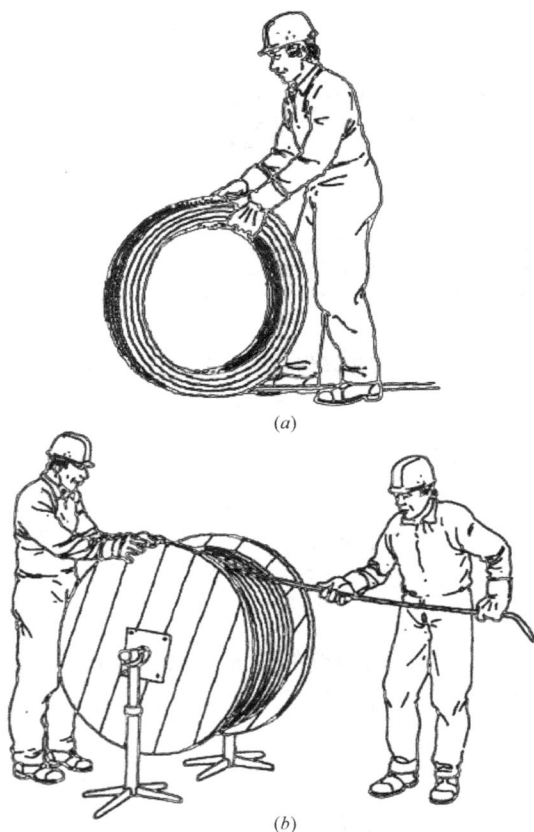

(a)

(b)

图2　放出钢丝绳的正确方法

(a) 从绳卷上放绳；(b) 从卷盘上放绳

不应采取从平放于地面的绳卷或卷盘上将钢丝绳拉出或沿地面滚动卷盘的方法放绳（图3）。

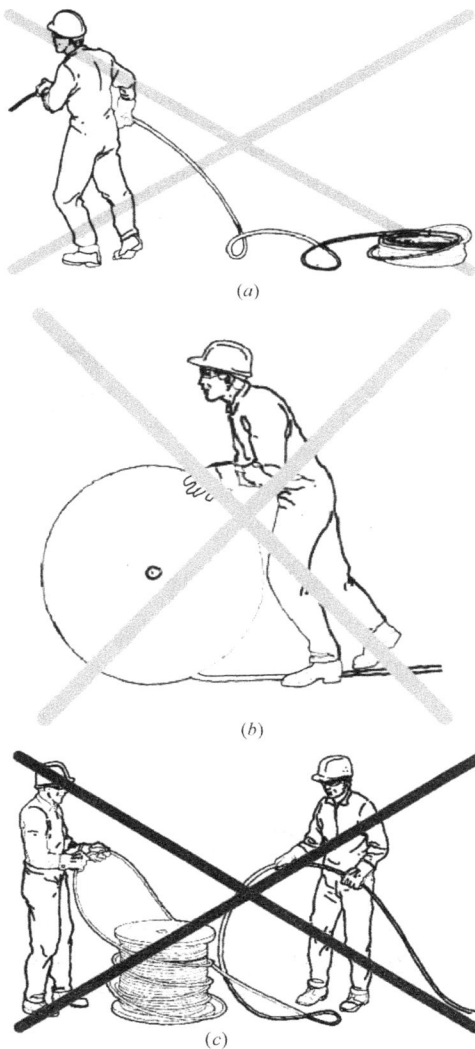

(a)

(b)

(c)

图3　放出钢丝绳的错误方法

(a) 从绳卷上放绳；(b) 从卷盘上放绳；(c) 从卷盘上放绳

从卷盘上直接供绳时，应将卷盘和其支架放在离起重机或起重葫芦尽可能远的地方，以便将钢丝绳偏角的影响降到最低限度，从而避免不利的旋转。

为了避免沙土或其他污物进入钢丝绳，作业时应将钢丝绳放在合适的垫子（如旧传送带）上，不能直接放在地面上。

旋转中的钢丝绳卷盘可能具有很大的惯性，需要加以控制，才能使钢丝绳缓慢地释放出来。对于较小的卷盘，通常使用一个制动器就能控制（图4）。大卷盘具有很大的惯性，一旦转动起来，可能需要很大的制动力矩才能控制。

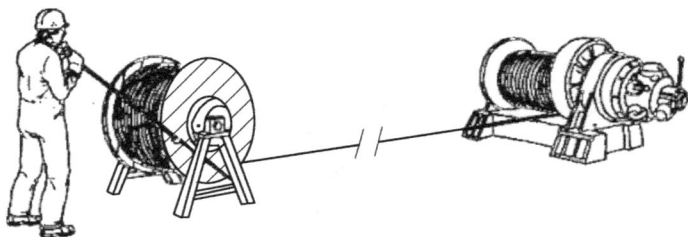

图4　控制绳张力，从卷盘底部向卷筒底部传送钢丝绳

在安装过程中，只要条件允许，就要确保钢丝绳始终向一个方向弯曲，即从供绳卷盘上部放出的钢丝绳进入到起重机或起重葫芦卷筒的上部（称为"上到上"），从供绳卷盘下部放出的钢丝绳进入到起重机或起重葫芦卷筒的下部（称为"下到下"，见图4）。

对多层缠绕的钢丝绳，在安装过程中向钢丝绳施加一个大小约为钢丝绳最小破断拉力2.5%～5%的张紧力。这样有助于保证底层钢丝绳缠绕牢固，为后续的钢丝绳提供稳固的基础。

按照起重机制造商的使用说明书在卷筒和外部固定点上固定钢丝绳端部。安装期间，应避免钢丝绳与起重机或起重葫芦的任何部位产生摩擦。

4.6　新钢丝绳的试运行

在钢丝绳投入起重机的使用之前，用户应确保与起重机运行有关的限制和指示装置工作正常。

为使钢丝绳组件能较大程度地调整到正常工作状态，用户应操作起重机在低速轻载（极限工作载荷（WLI）的 10%，或额定起重量的 10%）状态下运行若干工作循环。

4.7 钢丝绳的维护

应根据起重机的类型、使用频率、环境条件和钢丝绳的类型对钢丝绳进行维护。

在钢丝绳寿命期内，在出现干燥或腐蚀迹象前，应按照主管人员的要求，定期为钢丝绳润滑，尤其是经过滑轮和进出卷筒的区段以及与平衡滑轮同步运动的区段。有时为了提高润滑效果，需在润滑前将钢丝绳清理干净。

钢丝绳的润滑材料应与钢丝绳制造商提供的初期润滑材料兼容，还应具有渗透性。如果从起重机使用手册中不能确定润滑材料的型号，用户应征询钢丝绳供货商或钢丝绳制造商的意见。

钢丝绳缺乏维护会导致使用寿命缩短，尤其是起重机或起重葫芦用于腐蚀环境，或者不能对钢丝绳进行润滑时。在这些情况下，钢丝绳的检验周期应适当缩短。

如果钢丝绳某一部位的断丝过于突出，当此处经过滑轮时，断丝就会压在其他部位之上，造成局部劣化。为了避免这种局部劣化，可将伸出的断丝除掉，其方法为：夹紧断丝伸出端反复弯折（如图 5 所示），直至折断（这种情况总是出现在绳股之间的股沟位置）。在维护过程中去除断丝时，宜记录其位置，并提供

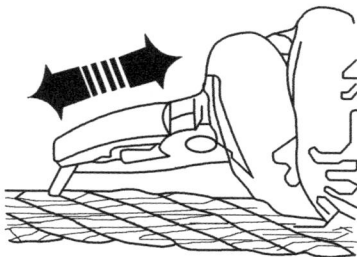

图 5 去除突出的钢丝

给钢丝绳检验人员。去除断丝的作业也宜作为一根断丝来计算，并在根据断丝作为报废基准评估钢丝绳的状态时予以考虑。

如果断丝明显靠近或者位于钢丝绳固定端，并且沿钢丝绳长度方向的其他部分又不受影响，可以将钢丝绳截短，然后重新装配绳端固定装置。在这之前，宜校核钢丝绳的剩余长度，确保起重机在其极限工作位置时，钢丝绳能够在卷筒上保留所需的最小缠绕圈数。

4.8　与钢丝绳相关的起重机零部件的维护

除了按照起重机使用手册的相关说明维护以外，卷筒和滑轮还宜定期检查，确保在轴承的支承下转动自如。

滑轮转动不灵活或滚动体磨损严重且不均匀，都会使钢丝绳严重磨损。起不到平衡作用的平衡滑轮会导致钢丝绳缠绕系统的载荷不均衡。

5　检验

5.1　总则

当缺少起重机制造商和/或钢丝绳制造商或供货商提供的有关钢丝绳的使用说明时，钢丝绳的检查应符合本节 5.2 ～5.5 的规定。

5.2　日常检查

至少应在特定的日期对预期的钢丝绳工作区段进行外观检查，目的是发现一般的劣化现象或机械损伤。此项检查还应包括钢丝绳与起重机的连接部位。

对钢丝绳在卷筒和滑轮上的正确位置也宜检查确认，确保钢丝绳没有脱离正常的工作位置。所有观察到的状态变化都应报告，并且由主管人员根据本节 5.3 的规定对钢丝绳进行进一步检查。

无论何时，只要索具安装发生变动，如当起重机转移作业现场及重新安装索具后，都应按本条的规定对钢丝绳进行外观检查。

注：可以指定起重机司机/操作员在其培训合格和能力所及的范围内承担日常检查工作。

5.3 定期检查

5.3.1 总则

定期检查应由主管人员实施。

从定期检查中获得的信息用来帮助对起重机钢丝绳做出如下判定：a）是否能够继续安全使用到最近的下一次定期检查；b）是否需要立即更换或者在规定的时间段内更换。

应采用适当的评价方法，如计算、观察、测量等，对劣化的严重程度做出评估，并且用各自特定报废基准的百分比表示（如20%、40%、60%、80%、100%），或者用文字表述（如轻度、中度、重度、严重、报废）。

在钢丝绳试运行和投入使用前，对其可能出现的任何损伤都应由主管人员做出评估并记录观察结果。比较常见的劣化模式以及评价方法在表1中列出，有此模式的各项内容都能轻易量化（即计算或测量），也有的只能由主管人员做出主观评价（即观察）。

劣化模式和评价方法 表1

劣化模式	评价方法
可见断丝数量（包括随机分布、局部聚集、股沟断丝、绳端固定装置及其附近）	计算
钢丝绳直径减少（源自外部磨损/擦伤、内部磨损和绳芯劣化）	测量
绳股断裂	观察
腐蚀（外部、内部及摩擦）	观察
变形	观察和测量（仅限于波浪形）
机械损伤	观察
热损伤（包括电弧）	观察

5.3.2 检查周期

定期检查的周期应由主管人员决定，并且至少应考虑如下内容：

    a）国家关于钢丝绳应用的法规要求；

    b）起重机的类型及工作现场的环境状况；

    c）机构的工作级别；

    d）前期的检查结果；

    e）在检查同类起重机钢丝绳过程中获取的经验；

    f）钢丝绳已使用的时间；

    g）使用频率。

注1：主管人员会发现接受或推荐比法规要求更频繁地定期检查是明智的。该决策可能会受到工作类型和频率的影响，也取决于钢丝绳当时的状态以及外部环境是否有变化，例如事故或运行工况的变化，主管人员会认为有必要决定或建议缩短定期检查的时间间隔。

注2：一般在钢丝绳寿命后期出现的断丝比率要高于早期。

注3：图6给出了断丝比率随时间变化而增加的两个实例。

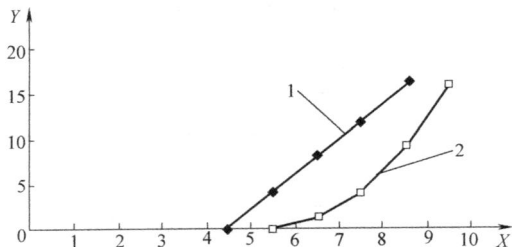

说明：

X——时间，单位：循环次数；

Y——单位长度上随机分布的断丝数；

1——钢丝绳1；

2——钢丝绳2。

图6 断丝比率增长的实例

5.3.3 检查范围

对每根钢丝绳，都应沿整个长度进行检查。

对超长的钢丝绳，经主管人员同意，可以对工作长度加上卷筒上至少5圈的钢丝绳进行检查。在这种情况下，如果在上一次检查之后和下一次检查之前预计到工作长度会增加，增加的长度在使用前也宜进行检查。

应特别注意下列关键区域和部位：

a）卷筒上的钢丝绳固定点；

b）钢丝绳绳端固定装置上及附近的区段；

c）经过一个或多个滑轮的区段；

d）经过安全载荷指示器滑轮的区段；

e）经过吊钩滑轮组的区段；

f）进行重复作业的起重机，吊载时位于滑轮上的区段；

g）位于平衡滑轮上的区段；

h）经过缠绕装置的区段；

i）缠绕在卷筒上的区段，特别是多层缠绕时的交叉重叠区域；

j）因外部原因（如舱口围板）导致磨损的区段；

k）暴露在热源下的部位。

注：需要特别严格检查的区域。

如果主管人员认为有必要展开钢丝绳以确认是否存在有害的内部劣化，展开钢丝绳时应极度小心，避免损伤钢丝绳。

5.3.4　绳端固定装置及附近区域的检查

应检查靠近绳端固定装置的钢丝绳，特别是进入绳端固定装置的部位，由于这个位置受到振动和其他冲击的影响以及腐蚀等环境状态的作用，容易出现断丝。可以采用探针进行探查，以确定钢丝是否出现松散，进而确定绳端固定装置内部是否存在断丝。还应检查绳端固定装置是否存在过度的变形和磨损。

此外，固定绳套、绳环用的套管也应进行外观检查，看其材料是否有裂纹、钢丝绳和套管之间是否存在可能滑移的迹象。

可拆分的绳端固定装置，如对称楔套，应检查钢丝绳进入绳端固定装置的入口附近有无断丝迹象，确认绳端固定装置处于正确的装配状态。

应检查编织式绳套，确定其仅在编织的锥形段绑扎，这样就能够对其余部分进行断丝的外观检查。

5.3.5 检查记录

每次定期检查之后，主管人员应提交钢丝绳检查记录，并注明至下一次检查不能超过的最大时间间隔。

宜保存钢丝绳的定期检查记录。

5.4 事故后的检查

如果发生了可能导致钢丝绳及其绳端固定装置损伤的事故，应在重新开始工作前按照定期检查规定，或按照主管人员的要求，检查钢丝绳及其绳端固定装置。

注：在采用双钢丝绳系统的起升机构中，即使只有一根钢丝绳报废，也要将两根一起更换，因为新钢丝绳比剩下的钢丝绳粗一些，又有不同的伸长率，这两个因素影响到卷筒上两根钢丝绳的放出量。

5.5 起重机停用一段时间后的检查

如果起重机停用3个月以上，在重新使用前，应按本节5.3的规定对钢丝绳进行定期检查。

5.6 无损检测

用电磁方法进行无损检测（NDT）可以用来帮助外观检查确定钢丝绳上可能劣化区段的位置。如果计划在钢丝绳寿命期内对钢丝绳的某些点进行电磁无损检测，宜在钢丝绳寿命期的初期进行（可以在钢丝绳制造阶段，或钢丝绳安装期间，最好是在钢丝绳安装后），并作为将来进行对比的参考点（有时被称为"钢丝绳识别标志"）。

6 报废基准

6.1 总则

当缺少起重机制造商和/或钢丝绳制造商或供货商提供的有

关钢丝绳的使用说明时，钢丝绳的报废基准应符合本节 6.2～6.6 的规定。

由于劣化通常是钢丝绳同一位置不同劣化模式综合作用的结果，主管人员应进行"综合影响"评估。

只要发现钢丝绳的劣化速度有明显的变化，就应对其原因展开调查，并尽可能地采取纠正措施。情况严重时，主管人员可以决定报废钢丝绳或修正报废基准，例如减少允许可见断丝数量。

在某些情况下，超长钢丝绳中相对较短的区段出现劣化，如果受影响的区段能够按要求移除，并且余下的长度能够满足工作要求，主管人员可以决定不报废整根钢丝绳。

6.2 可见断丝

6.2.1 可见断丝报废基准

不同种类可见断丝的报废基准应符合表 2 的规定。

可见断丝报废基准 表 2

序号	可见断丝的种类	报废基准
1	断丝随机地分布在单层缠绕的钢丝绳经过一个或多个钢制滑轮的区段和进出卷筒的区段，或者多层缠绕的钢丝绳位于交叉重叠区域的区段	单层和平稳密实钢丝绳见表3，阻旋转钢丝绳见表4
2	在不进出卷筒的钢丝绳区段出现的呈局部聚集状态的断丝	如果局部聚集集中在一个或两个相邻的绳股，即使 $6d$ 长度范围内的断丝数低于表3和表4的规定值，可能也要报废钢丝绳
3	股沟断丝	在一个钢丝绳捻距（大约为 $6d$ 的长度）内出现两个或更多断丝
4	绳端固定	两个或更多断丝

典型实例参见图 7

6.2.2 表3和表4的使用以及钢丝绳的类别编号

对于单层钢丝绳或平行捻密实钢丝绳，根据其相应的钢丝绳类别编号（RCN）在表3中读取 $6d$ 和 $30d$ 长度范围内的断丝数报废值。如果没有对应的钢丝绳结构，按钢丝绳内承载钢丝的总数（不包括填充丝在内的外层绳股的钢丝总数）在表3中读取相应的 $6d$ 和 $30d$ 长度范围内的断丝数报废值。

对于阻旋转钢丝绳，根据其相应的钢丝绳类别编号（RCN）在表4中读取 $6d$ 和 $30d$ 长度范围内的断丝数报废值。如果没有对应的钢丝绳结构，按钢丝绳外层股数和外层股内承载钢丝的总数（不包括填充丝在内的外层绳股的钢丝总数）在表4中读取相应的 $6d$ 和 $30d$ 长度范围内的断丝数报废值。

6.2.3 非工作原因导致的断丝

运输、储存、装卸、安装、制造等原因可能导致个别钢丝断裂。这种独立的断丝现象（图7）不是由工作过程中的劣化（如作为表3和表4中数值的主要基础的弯曲疲劳）引起的，在检查钢丝绳断丝时通常不将这种断丝计算在内。发现这种断丝应进行记录，可为将来的检验提供帮助。

如果这种断丝的端部从钢丝绳内伸出，可能会导致某些潜在的局部劣化，应将其去除（去除方法见附录1中4.7）。

图7　弯曲钢丝绳常常会暴露出隐藏在
绳股之间股沟内的断丝

6.2.4 单层和平行捻密实钢丝绳

单层股钢丝绳和平行捻实钢丝绳中达到报废程度的最少可见断丝数

表 3

钢丝绳类别编号 RCN	外层股中承载钢丝总数	可见外部断丝的数量					
		在钢制滑轮上工作和/或单层缠绕在卷筒上的钢丝绳区段（钢丝断裂随机分布）				多层缠绕在卷筒上的钢丝绳区段	
		工作级别 M1～M4 或未知级别				所有工作级别	
		交互捻		同向捻		交互捻和同向捻	
		$6d^e$长度范围内	$30d^e$长度范围内	$6d^e$长度范围内	$30d^e$长度范围内	$6d^e$长度范围内	$30d^e$长度范围内
01	$n \leqslant 50$	2	4	1	2	4	8
02	$51 \leqslant n \leqslant 75$	3	6	2	3	6	12
03	$76 \leqslant n \leqslant 100$	4	8	2	4	8	16
04	$101 \leqslant n \leqslant 120$	5	10	2	5	10	20
05	$121 \leqslant n \leqslant 140$	6	11	3	6	12	22
06	$141 \leqslant n \leqslant 160$	6	13	3	6	12	2
07	$161 \leqslant n \leqslant 180$	7	14	4	7	14	28
08	$181 \leqslant n \leqslant 200$	8	16	4	8	16	32
09	$201 \leqslant n \leqslant 220$	9	18	4	9	18	36
10	$221 \leqslant n \leqslant 240$	10	19	5	10	20	38
11	$241 \leqslant n \leqslant 260$	10	21	5	10	20	42
12	$261 \leqslant n \leqslant 280$	11	22	6	11	22	44
13	$281 \leqslant n \leqslant 300$	12	24	6	12	24	28
	$n > 300$	$0.04n$	$0.08n$	$0.02n$	$0.04n$	$0.08n$	$0.16n$

注：对于股为西鲁式结构且每股的钢丝数≤19 的钢丝绳（例如 6×19Seale），在表中的取值位置为其"外层股中承载钢丝总数"所在行之上的第二行

1　在本标准中，填充钢丝不作为承载钢丝，因而不包括在 n 值之中。

2　一根断丝有两个断头（按一根断丝计数）。

3　这些数值适用于交叉重叠区域和由于钢丝绳编角影响的缠绕绳圈之间干涉引起的劣化（不适用于只在滑轮上工作而不在卷筒上缠绕的区段）。

4　机构的工作级别为 M5～M8 时，断丝数可取表中数值的两倍。

5　d^e—钢丝绳公称直径。

6.2.5 阻旋转钢丝绳

阻旋转钢丝绳中达到报废程度的最少可见断丝数 **表 4**

钢丝绳类别编号 RCN	钢丝绳外层股数和外层股中承载钢丝总数 n	可见断丝数 b			
		在钢制滑轮上工作和/或单层缠绕在卷筒上的钢丝绳区段		多层缠绕在卷筒上的钢丝绳区段	
		$6d^d$ 长度范围内	$30d^d$ 长度范围内	$6d^d$ 长度范围内	$30d^d$ 长度范围内
21	4 股 $n \leqslant 100$	2	4	2	4
22	3 股或 4 股 $n \geqslant 100$	2	4	4	8
	至少 11 个外层股				
23-1	$71 \leqslant n \leqslant 100$	2	4	4	8
23-2	$101 \leqslant n \leqslant 120$	3	5	5	10
23-3	$121 \leqslant n \leqslant 140$	3	5	6	11
24	$141 \leqslant n \leqslant 160$	3	6	6	13
25	$161 \leqslant n \leqslant 180$	4	7	7	14
26	$181 \leqslant n \leqslant 200$	4	8	8	16
27	$201 \leqslant n \leqslant 220$	4	9	9	18
28	$221 \leqslant n \leqslant 240$	5	10	10	19
29	$241 \leqslant n \leqslant 260$	5	10	10	21
30	$261 \leqslant n \leqslant 280$	6	11	11	22
31	$281 \leqslant n \leqslant 300$	6	12	12	24
	$n > 300$	6	12	12	24

注：对于股为西鲁式结构且每股的钢丝数≤19 的钢丝绳（例如 6×19Seale），在表中的取值位置为其"外层股中承载钢丝总数"所在行之上的第二行。

1 在本标准中，填充钢丝不作为承载钢丝，因而不包括在 n 值之中。

2 一根断丝有两个断头（按一根断丝计数）。

3 这些数值适用于交叉重叠区域和由于钢丝绳编角影响的缠绕绳圈之间干涉引起的劣化（不适用于只在滑轮上工作而不在卷筒上缠绕的区段）。

4 d^d—钢丝绳公称直径。

6.3 钢丝绳直径的减小

6.3.1 沿钢丝绳长度等值减小

在卷筒上单层缠绕和/或经过钢制滑轮的钢丝绳区段，直径等值减小的报废基准值见表5中的粗体字。这些数值不适用于交叉重叠区域或其他由于多层缠绕导致类似变形的区段。计算减小量的参考直径是钢丝绳的非工作区段在钢丝绳开始使用后立即测量的直径。直径减小量的计算方法及其与公称直径百分比的表示应按6.3.2的规定。

表5给出了直径等值减小的等效值，用钢丝绳公称直径的百分比表示，将严重程度分级以20%为单位增量来表示（即20%、40%、60%、80%、100%）。也可以选择其他的严重程度分级方法，如用25%作为单位增量（即25%、50%、75%、100%）。

直径等值减小的报废基准——单层缠绕卷筒和钢制滑轮上的钢丝绳

表5

钢丝绳类型	直径的减少量 Q （用公称直径的百分比表示）	严重程度分级	
		程度	%
纤维芯单层股钢丝绳	$Q<6\%$		0
	$6\%\leqslant Q<7\%$	轻度	20
	$7\%\leqslant Q<8\%$	中度	40
	$8\%\leqslant Q<9\%$	重度	60
	$9\%\leqslant Q<10\%$	严重	80
	$Q\geqslant 10\%$	报废	100
钢芯单层股钢丝绳或平行捻密实钢丝绳	$Q<3.5\%$		0
	$3.5\%\leqslant Q<4.5\%$	轻度	20
	$4.5\%\leqslant Q<5.5\%$	中度	40
	$5.5\%\leqslant Q<6.5\%$	重度	60
	$6.5\%\leqslant Q<7.5\%$	严重	80
	$Q\geqslant 7.5\%$	报废	100
阻旋转钢丝绳	$Q<1\%$		0
	$1\%\leqslant Q<2\%$	轻度	20
	$2\%\leqslant Q<3\%$	中度	40
	$3\%\leqslant Q<4\%$	重度	60
	$4\%\leqslant Q<5\%$	严重	80
	$Q\geqslant 5\%$	报废	100

6.3.2 确定直径等值减小量，及将其表示为公称直径百分比的计算用公称直径百分比表示的直径等值减小，用式（1）计算：

$$Q=[(d_{ref}-d_m)/d]\times100\% \tag{1}$$

式中 d_{ref}——参考直径；

　　　d_m——实测直径；

　　　d——公称直径。

示例1：直径为40mm的6×36-IWRC钢丝绳，参考直径为41.2mm，检测时的实测直径为39.5mm，直径减小百分比为：

　　　　[(41.2－39.5)/40]×100%＝ 4.25%

注1：从表5中查得，与其对应的，因直径等值减小而趋于报废的严重程度分级为20%（轻度）。

注2：当钢丝绳从参考直径减小公称直径的7.5%即3mm时，就达到报废基准。此时的报废直径为38.2mm。示例2：同样的钢丝绳，检测时的实测直径为38.5mm，直径减小百分比为：

　　　　[(41.2－38.5)/40]×100%＝ 6.75%

注3：从表5中查得，严重程度分级为80%（严重）。

6.3.3 局部减小

如果发现直径有明显的局部减小，如由绳芯或钢丝绳中心区损伤导致的直径局部减小，应报废该钢丝绳。

6.4 断股

如果钢丝绳发生整股断裂，则应立即报废。

6.5 腐蚀

报废基准和腐蚀严重程度分级见表6。

评估腐蚀范围时，重要的是区分钢丝腐蚀和由于外来颗粒氧化而产生的钢丝绳表面腐蚀之间的差异。

在评估前，应将钢丝绳的拟检测区段擦净或刷净，但不宜使用溶剂清洗。

腐蚀报废基准和严重程度分级 表6

腐蚀类型	状态	严重程度分级
外部腐蚀	表面存在氧化迹象,但能够擦净 钢丝表面手感粗糙 钢丝表面重度凹痕以及钢丝松弛	浅表——0% 重度——60% 报废——100%
内部腐蚀	内部腐蚀的明显可见迹象——腐蚀碎屑从外绳股之间的股沟溢出	报废——100%或 如果主管人员认为可行,则按附录C所给的步骤进行内部检验
摩擦腐蚀	摩擦腐蚀过程为:干燥钢丝绳和绳股之间的持续摩擦产生钢质微粒的移动,然后是氧化,并产生形态为干粉(类似红铁粉)状的内部腐蚀碎屑	对此类迹象特征宜作进一步探查,若仍对其严重性存在怀疑,宜将钢丝绳报废(100%)

注:对其他中间状态,宜对其严重程度分级做出评估(即在综合影响中所起的作用),镀锌钢丝的氧化也会导致钢丝表面手感粗糙,但是总体状态可能不如非镀锌钢丝严重,在这种情况,检验人员可以考虑将表中所给严重程度分级降一级作为其在综合影响中所起的作用。虽然对内部腐蚀的评估是主观的,但如果对内部腐蚀的严重程度有怀疑,就宜将钢丝绳报废。

注:内部腐蚀或摩擦腐蚀能够导致直径增大。

6.6 畸形和损伤

6.6.1 总则

钢丝绳失去正常形状而产生的可见形状畸变都属于畸形。畸形通常发生在局部,会导致畸形区域的钢丝绳内部应力分布不均匀。

畸形和损伤会以多种方式表现出来,在6.6.2~6.6.10中给出了较常见的几种类型的报废基准。

只要钢丝绳的自身状态被认为是危险的,就应立即报废。

6.6.2 波浪形

在任何条件下,只要出现以下情况之一,钢丝绳就应报废(见图8):

a)在从未经过、绕进滑轮或缠绕在卷筒上的钢丝绳直线区段上，直尺和螺旋面下侧之间的间隙 $g \geqslant 1/3 \times d$；

b）在经过滑轮或缠绕在卷筒上的钢丝绳区段上，直尺和螺旋面下侧之间的间隙 $g \geqslant 1/10 \times d$。

说明：

d——钢丝绳公称直径；

g——间隙

图 8　波浪形钢丝绳

6.6.3　笼状畸形

出现篮形或灯笼状畸形的钢丝绳应立即报废，或者将受影响的区段去掉，但应保证余下的钢丝绳能够满足使用要求。

6.6.4　绳芯或绳股突出或扭曲

发生绳芯或绳股突出的钢丝绳应立即报废，或者将受影响的区段去掉，但应保证余下的钢丝绳能够满足使用要求。

注：这是篮形或灯笼状畸形的一种特殊类型，其表征为绳芯或钢丝绳外层股之间中心部分的突出，或者外层股或股芯的突出。

6.6.5　钢丝的环状突出

钢丝突出通常成组出现在钢丝绳与滑轮槽接触面的背面，发生钢丝突出的钢丝绳应立即报废。

注：钢丝绳外层股之间突出的单根绳芯钢丝．如果能够除掉或在工作时不会影响钢丝绳的其他部分，可以不必将其作为报废钢丝绳的理由。

6.6.6　绳径局部增大

钢芯钢丝绳直径增大 5％及以上，纤维芯钢丝绳直径增大10％及以上，应查明其原因并考虑报废钢丝绳。

注：钢丝绳直径增大可能会影响到相当长的一段钢丝绳，例

如纤维绳芯吸收了过多的潮气膨胀引起的直径增大，会使外层绳股受力不均衡而不能保持正确的旋向。

6.6.7 局部扁平

钢丝绳的扁平区段经过滑轮时，可能会加速劣化并出现断丝。此时，不必根据扁平程度就可考虑报废钢丝绳。

在标准索具中的钢丝绳扁平区段可能会比正常绳段遭受更大程度的腐蚀，尤其是当外层绳股散开使湿气进入时。如果继续使用，就应对其进行更频繁的检查，否则宜考虑报废钢丝绳。

由于多层缠绕而导致钢丝绳的局部扁平，如果伴随扁平出现的断丝数不超过表3和表4规定的数值，可不报废。

6.6.8 扭结

发生扭结的钢丝绳应立即报废。

注：扭结是一段环状钢丝绳在不能绕其自身轴线旋转的状态下被拉紧而产生的一种畸形。扭结使钢丝绳捻距不均导致过度磨损，严重的扭曲会使钢丝绳强度大幅降低。

6.6.9 折弯

折弯严重的钢丝绳区段经过滑轮时可能会很快劣化并出现断丝，应立即报废钢丝绳。

如果折弯程度并不严重，钢丝绳需要继续使用时，应对其进行更频繁的检查，否则宜考虑报废钢丝绳。

注：折弯是钢丝绳由外部原因导致的一种角度畸形。

通过主观判断确定钢丝绳的折弯程度是否严重。如果在折弯部位的底面伴随有折痕，无论其是否经过滑轮，均宜看作是严重折弯。

6.6.10 热和电弧引起的损伤

通常在常温下工作的钢丝绳，受到异常高温的影响，外观能够看出钢丝被加热过后颜色的变化或钢丝绳上润滑脂的异常消失，应立即报废。

如果钢丝绳的两根或更多的钢丝局部受到电弧影响（例如焊接引线不正确的接地所导致的电弧），应报废。这种情况会出现在钢丝绳上的电流进出点上。

附录2 《起重吊运指挥信号》
(GB 5082—1985)

引言

为确保起重吊运安全，防止发生事故，适应科学管理的需要，特制订本标准。

本标准对现场指挥人员和起重司机所使用的基本信号和有关安全技术作了统一规定。

本标准适用于以下类型的起重机械：

桥式起重机（包括冶金起重机）、门式起重机、装卸桥、缆索起重机、塔式起重机、门式起重机、汽车起重机、轮胎起重机、铁路起重机、履带起重机、浮式起重机、桅杆起重机、船用起重机等。

本标准不适用于矿井提升设备、载人电梯设备。

1 名词术语

信号—指各种类型的起重机在起重、吊运中普遍适用的指挥手势。

专用手势信号—指具有特殊的起升、变幅、回转机构的起重机单独使用的指挥手势。

吊钩（包括吊环、电磁吸盘、抓斗等）—指空钩以及负有载荷的吊钩。

起重机"前进"或"后退"——"前进"指起重机向指挥人员

开来；"后退"指起重机离开指挥人员。

前、后、左、右——在指挥语言中，均以司机所在位置为基准。

音响符号：

"——"表示一秒钟的长声符号。

"●"表示小于一秒钟的短声符号。

"○"表示停顿的符号。

2 指挥人员使用信号

2.1 手势信号

2.1.1 通用手势信号

2.1.1.1 "预备"（注意）

手臂伸直，置于头上方，五指自然张开，手心朝前保持不动（附图 2-1）。

2.1.1.2 "要主钩"

单手自然握拳，置于头上，轻触头顶（附图 2-2）。

附图 2-1

附图 2-2

2.1.1.3 "要副钩"

一只手握拳，小臂向上不动，另一只手伸出，手心轻触前只手的肘关节（附图 2-3）。

2.1.1.4 "吊钩上升"

小臂向上方伸直，五指自然伸开，高于肩部，以腕部为轴转动（附图 2-4）。

附图 2-3

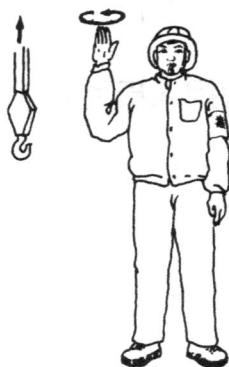

附图 2-4

2.1.1.5 "吊钩下降"

手臂伸向侧前下方，与身体夹角约为 30°，五指自然伸开，以腕部为周转动（附图 2-5）。

附图 2-5

2.1.1.6 "吊钩水平下移"

小臂向侧上方伸直，五指并拢手心朝外，朝负载应运行方向，向下挥动到与肩相平的位置（附图2-6）。

附图 2-6

2.1.1.7 "吊钩微微上升"

小臂升向侧前上方，手心朝上高于肩部，以腕部为轴，重复向上摆动手掌（附图2-7）。

2.1.1.8 "吊钩微微下降"

手臂伸向侧前下方，与身体夹角为 30°，手心朝下，以腕部为轴，重复向上摆动手掌（附图2-8）。

附图 2-7

附图 2-8

2.1.1.9 "吊钩水平微微移动"

小臂向侧上方自然伸出,五指并拢手心朝外,朝负载运行的方向,重复做缓慢的水平运动(附图2-9)。

附图 2-9

2.1.1.10 "微动范围"

双小臂曲起,伸向一侧,五指伸直,手心相对,其间距与负载所要移动的距离接近(附图2-10)。

2.1.1.11 "指示降落方位"

五指伸直,指出负载应降落的位置(附图2-11)。

附图 2-10

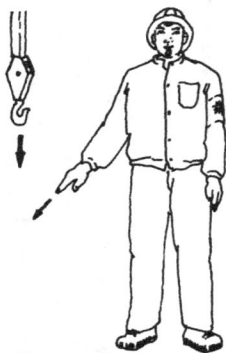

附图 2-11

2.1.1.12 "停止"

小臂水平置于胸前，五指伸开，手心朝下，水平挥向一侧（附图 2-12）。

2.1.1.13 "紧急停止"

两小臂水平置于胸前，五指伸开，手心朝下，同时水平挥向两侧（附图 2-13）。

附图 2-12

附图 2-13

2.1.1.14 "工作结束"

双手五指伸开，在额前交叉（附图 2-14）。

附图 2-14

2.1.2 专业手势信号

2.1.2.1 "升臂"

手臂向上一侧水平伸直，拇指向上，余指握拢，小臂向上摆动（附图 2-15）。

2.1.2.2 "降臂"

手臂向上一侧水平伸直，拇指向下，余指握拢，小臂向下摆动（附图 2-16）。

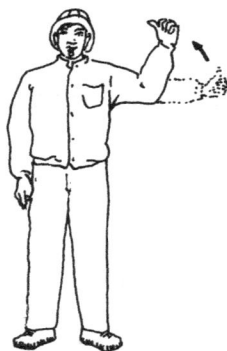 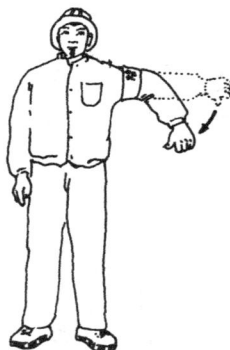

附图 2-15   附图 2-16

2.1.2.3 "转臂"

手臂水平伸直，指向应转臂的方向，拇指伸出，余指握拢，以腕部为轴转动（附图 2-17）。

附图 2-17

2.1.2.4 "微微升臂"

一只小臂置于胸前一侧，五指伸直，手心朝下，保持不动。另一只手的拇指对着前手手心，余指握拢，做上下移动（附图 2-18）。

2.1.2.5 "微微降臂"

一只小臂置于胸前一侧，五指伸直，手心朝上，保持不动。另一只手的拇指对着前手手心，余指握拢，做上下移动（附图 2-19）。

附图 2-18　　　　　　　　　　附图 2-19

2.1.2.6 "微微转臂"

一只小臂向前平伸，手心自然朝向内侧。另一只手的拇指指向前手的手心，余指握拢做转动（附图 2-20）。

附图 2-20

2.1.2.7 "伸臂"

两手分别握拳，拳心朝上，拇指分别指向两个方向，做相斥运动（附图 2-21）。

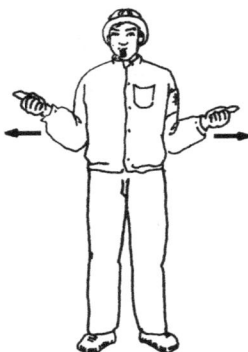

附图 2-21

2.1.2.8 "缩臂"

两手分别握拳，拳心朝下，拇指对指，做相向运动（附图 2-22）。

2.1.2.9 "履带起重机回转"

一只小臂水平前伸，五指自然伸出不动。另一只小臂在胸前作水平重复摆动（附图 2-23）。

附图 2-22

附图 2-23

2.1.2.10 "起重机前进"

双手臂先向前平伸，然后小臂曲起，五指并拢，手心对着自己，做前后运动（附图 2-24）。

2.1.2.11 "起重机后退"

双手臂向上曲起，五指并拢，手心对着起重机，做前后运动（附图 2-25）。

附图 2-24　　　　　　　　　附图 2-25

2.1.2.12 "抓取（吸取）"

两小臂分别置于前侧方，手心相对，由两侧向中间摆动（附图 2-26）。

2.1.2.13 "释放"

两小臂分别置于前侧方，手心朝外，两臂分别向两侧摆动（附图 2-27）。

2.1.2.14 "翻转"

一小臂向前曲起，手心朝上。另一小臂向前伸出，手心朝下，双手同时进行翻转。（附图 2-28）。

附图 2-26   附图 2-27   附图 2-28

2.1.3　船用起重机（或双机吊运）专用手势信号

2.1.3.1　"微速起钩"

两小臂水平伸向侧前方，五指伸开，手心朝上，以腕部为轴向上摆动。当要求双机以不同速度起升时，只会起升速度快的一方，手要高于另一只手（附图 2-29）。

2.1.3.2　"慢速起钩"

两小臂水平伸向侧前方，五指伸开，手心朝上，小臂以肘部向上摆动。当要求双机以不同速度起升时，只会起升速度快的一方，手要高于另一只手（附图 2-30）。

附图 2-29   附图 2-30

2.1.3.3 "全速起钩"

两臂下垂，五指张开，手心朝上，全臂向上挥动（附图2-31）。

2.1.3.4 "微速落钩"

两小臂水平伸向侧前方，五指张开，手心朝下，手以腕部为轴向下摆动。当要求双机以不同的速度降落时，指挥降落速度快的一方，手要低于另一只手（附图 2-32）。

2.1.3.5 "慢速落钩"

两小臂水平伸向侧前方，五指张开，手心朝下，小臂以肘部为轴向下摆动。当要求双机以不同的速度降落时，指挥降落速度快的一方，手要低于另一只手（附图 2-33）。

附图 2-31　　　　　附图 2-32　　　　　附图 2-33

2.1.3.6 "全速落钩"

两臂伸向侧上方，五指伸出，手心朝下，全臂向下挥动（附图 2-34）。

2.1.3.7 "一方停止，一方起钩"

指挥停止的手臂作"停止"手势；指挥起钩的手臂则作相应速度的起钩手势（附图 2-35）。

附图 2-34

附图 2-35

2.1.3.8　"一方停止，一方落钩"

指挥停止的手臂作"停止"手势；指挥落钩的手臂则作相应速度的落钩手势（附图 2-36）。

2.2　旗语信号

2.2.1　"预备"

单手持红绿旗上举（附图 2-37）。

附图 2-36

附图 2-37

2.2.2 "要主钩"

单手持红绿旗，旗头轻触头顶（附图2-38）。

2.2.3 "要副钩"

一只手握拳，小臂向上不动，另一只手拢红绿旗，旗头轻触前只手的肘关节（附图2-39）。

2.2.4 "吊钩上升"

绿旗上举，红旗自然放下（附图2-40）。

附图 2-38   附图 2-39   附图 2-40

2.2.5 "吊钩下降"

绿旗拢起下指，红旗自然放下（附图2-41）。

2.2.6 "吊钩微微上升"

绿旗上举，红旗拢起横在绿旗上，互相垂直（附图2-42）。

2.2.7 "吊钩微微下降"

绿旗拢起下指，红旗横在绿旗下，互相垂直（附图2-43）。

2.2.8 "升臂"

红旗上举，绿旗自然放下（附图2-44）。

2.2.9 "降臂"

红旗拢起下指，绿旗自然放下（附图2-45）。

附图 2-41

附图 2-42

附图 2-43

附图 2-44

附图 2-45

2.2.10 "转臂"

红旗拢起，水平指向应转臂的方向（附图 2-46）。

2.2.11 "微微升臂"

红旗上举，绿旗拢起横在红旗上，互相垂直（附图 2-47）。

2.2.12 "微微降臂"

红旗拢起下指，绿旗横在红旗下，互相垂直（附图 2-48）。

附图 2-46

附图 2-47

附图 2-48

2.2.13 "微微转臂"

红旗拢起，横在腹前，指向应转臂的方向；绿旗拢起，横在红旗前，互相垂直（附图 2-49）。

2.2.14 "伸臂"

红旗分别拢起，横在两头，旗头外指（附图 2-50）。

2.2.15 "缩臂"

两旗分别拢起，横在胸前，旗头对指（附图 2-51）。

附图 2-49

附图 2-50

附图 2-51

2.2.16 "微动范围"

两手分别拢旗, 伸向一侧, 其间距与负载所要移动的距离接近 (附图 2-52)。

2.2.17 "指示降落方位"

单手拢绿旗, 指向负载应降落的位置, 旗头进行转动 (附图 2-53)。

附图 2-52

附图 2-53

2.2.18 "履带起重机回转"

一只手拢旗，水平指向侧前方，另一只手持旗，水平重复挥动（附图 2-54）。

附图 2-54

2.2.19 "起重机前进"

两旗分别拢起，向前上方伸出，旗头由前上方向后摆动（附图 2-55）。

2.2.20 "起重机后退"

两旗分别拢起，向前伸出，旗头由前方向下摆动（附图 2-56）。

附图 2-55　　　　　　　　　　　　附图 2-56

2.2.21　"停止"

单旗左右摆动，另外一面旗自然放下（附图 2-57）。

2.2.22　"紧急停止"

双手分别持旗，同时左右摆动（附图 2-58）。

附图 2-57

2.2.23　"工作结束"

两旗拢起，在额前交叉（附图 2-59）。

附图 2-58

附图 2-59

2.3 音响信号

2.3.1 "预备"、"停止"

一长声——

2.3.2 "上升"

二短声●●

2.3.3 "下降"

三短声●●●

2.3.4 "微动"

断续短声●○●○●○●

2.3.5 "紧急停止"

急促的长声———

2.4 起重吊装指挥语言

2.4.1 开始、停止工作的语言

附表 2-1

起重机的状态	指挥语言	起重机的状态	指挥语言
开始工作	开始	工作结束	结束
停止和紧急停止	停		

2.4.2 吊钩移动语言

附表 2-2

吊钩的移动	指挥语言	吊钩的移动	指挥语言
正常上升	上升	正常向后	向后
微微上升	上升一点	微微向后	向后一点
正常下降	下降	正常向右	向右
微微下降	下降一点	微微向右	向右一点
正常向前	向前	正常向左	向左
微微向前	向前一点	微微向左	向左一点

2.4.3 转台回转语言

附表 2-3

转台的回转	指挥语言	转台的回转	指挥语言
正常右转	右转	正常左转	左转
微微右转	右转一点	微微左转	左转一点

2.4.4 臂架移动语言

附表 2-4

臂架的移动	指挥语言	臂架的移动	指挥语言
正常伸长	伸长	正常升臂	升臂
微微伸长	伸长一点	微微升臂	升一点臂
正常缩回	缩回	正常降臂	降臂
微微缩回	缩回一点	微微降臂	降一点臂

3 司机使用的音响信号

3.1 "明白"—服从指挥
　　一短声●
3.2 "重复"—请求重新发出信号
　　二短声●●
3.3 "注意"
　　长声———

4 信号的配合应用

4.1 指挥人员使用音响信号与手势或旗语信号的配合

4.1.1 在发出本附录 2.3.2 "上升"音响时,可分别与"吊钩上升"、"升臂"、"伸臂"、"抓取"手势或旗语相配合。

4.1.2 在发出本附录 2.3.3 "下降"音响时,可分别与"吊钩下降"、"降臂"、"缩臂"、"释放"手势或旗语相配合。

4.1.3 在发出本附录 2.3.4 "微动"音响时,可分别与"吊钩微微上升"、"吊钩微微下降"、"吊钩水平微微移动"、"微微升臂"、"微微降臂"手势或旗语相配合。

4.1.4 在发出本附录 2.3.5 "紧急停止"音响时,可与"紧急停止"手势或旗语相配合。

4.1.5 在发出本附录 2.3.1 音响信号时,均可与上述未规定的手势或旗语相配合。

4.2 指挥人员与司机之间的配合

4.2.1 指挥人员发出"预备"信号时,要目视司机,司机接到信号开始工作前,应回答"明白"信号。当指挥人员听到回答信号后,方可进行指挥。

4.2.2 指挥人员发出"要主钩"、"要复钩"、"微动范围"手势或旗语时,要目视司机,同时可发出"预备"音响信号,司机接到信号后,要准确操作。

4.2.3 指挥人员在发出"工作结束"的手势或旗语时,要目视司机,同时可发出"停止"音响信号,司机接到信号后,应回答"明白"信号后可离开岗位。

4.2.4 指挥人员对起重机械要求微微移动时,可根据需要,重复给出信号。司机应按信号要求,缓缓平稳操纵设备。除此之外,如无特殊要求(如船用起重机专用手势信号),其他指挥信号,指挥人员都应一次性给出。司机在接到下一个信号前,必须按原指挥信号要求操纵设备。

5 对指挥人员和司机的基本要求

5.1 对使用信号的基本规定

5.1.1 指挥人员使用手势信号均以本人的手心、手指或手臂表示吊钩、臂杆和机械位移的运动方向。

5.1.2 指挥人员使用旗语信号均以指挥旗的旗头表示吊钩、臂杆和机械位移的运动方向。

5.1.3 在同时指挥臂杆和吊钩时,指挥人员必须分别用左手指挥臂杆,右手指挥吊钩。当持旗指挥时,一般左手持红旗指挥臂杆,右手持绿旗指挥吊钩。

5.1.4 当两台或两台以上起重机同时在距离较近的工作区域内工作时,指挥人员使用音响信号的音调应有明显区别,并要配合手势或旗语指挥。严禁单独使用相同音调的音响指挥。

5.1.5 当两台或两台以上起重机同时在距离较近的工作区域内工作时,司机发出的音响应有明显区别。

5.1.6 指挥人员用"起重吊运指挥语言"指挥时,应讲普通话。

5.2 指挥人员的职责及其要求

5.2.1 指挥人员应根据本标准的信号要求与起重机司机进行联系。

5.2.2 指挥人员发现的指挥信号必须清晰、准确。

5.2.3 指挥人员应站在使司机能看清指挥信号的安全位置上。当跟随负载运行指挥时,应随时指挥负载避开人员和障碍物。

5.2.4 指挥人员不能同时看清司机和负载时,必须增设中间指挥人员以便逐级传递信号,当发现错传信号时,应立即发出停止信号。

5.2.5 负载降落前,指挥人员必须确认降落区域安全时,方可发出降落信号。

5.2.6　当多人绑挂同一负载时，起吊前，应作好呼唤应答，确认绑挂无误后，方可由一人负责指挥。

5.2.7　同时用两台起重机吊运同一负载时，指挥人员应双手分别指挥各台起重机，以确保同步吊运。

5.2.8　在开始起吊负载时，应先用"微动"信号指挥，待负载离开地面 100～200mm 稳妥后，再用正常速度指挥。必要时，在负载降落前，也应使用"微动"信号指挥。

5.2.9　指挥人员应佩戴鲜明的标志，如标有"指挥"字样的臂章、特殊颜色的安全帽、工作服等。

5.2.10　指挥人员所戴手套的手心和手背要易于辨别。

5.3　起重机司机的职责及其要求

5.3.1　司机必须听从指挥人员指挥，当指挥信号不明时，司机应发出"重复"信号询问，明确指挥意图后，方可开车。

5.3.2　司机必须熟练掌握本标准规定的通用手势信号和有关的各种指挥信号，并与指挥人员密切配合。

5.3.3　当指挥人员所发信号违反本标准的规定时，司机有权拒绝执行。

5.3.4　司机在开车前必须鸣铃示警，必要时，在吊运中也要鸣铃，通知受负载威胁的地面人员撤离。

5.3.5　在吊运过程中，司机对任何人发出的"紧急停止"信号都应服从。

6　管理方面的有关规定

6.1　对其中司机和指挥人员，必须由有关部门进行本标准的安全技术培训，经考试合格，取得合格证后方能操作或指挥。

6.2　音响信号是手势信号或旗语的辅助信号，使用单位可根据工作需要确定是否采用。

6.3　指挥旗颜色为红、绿色。应采用不易褪色、不易产生褶皱的材料。其规格：面幅应为 400mm×500mm，旗杆直径应为 25mm，旗杆长度应为 500mm。

6.4 本标准所规定的指挥信号是各类起重机使用的基本信号。如不能满足需要，使用单位可根据具体情况，适当增补，但增补的信号不得与本标准有抵触。

附录3 建筑起重信号司索工安全技术考核大纲（试行）

1 安全技术理论

1.1 安全生产基本知识

    1.1.1 了解建筑安全生产法律法规和规章制度；

    1.1.2 熟悉有关特种作业人员的管理制度；

    1.1.3 掌握从业人员的权利义务和法律责任；

    1.1.4 熟悉高处作业安全知识；

    1.1.5 掌握安全防护用品的使用；

    1.1.6 熟悉安全标志、安全色的基本知识；

    1.1.7 了解施工现场消防知识；

    1.1.8 了解现场急救知识；

    1.1.9 熟悉施工现场安全用电基本知识。

1.2 专业基础知识

    1.2.1 熟悉力学基础知识；

    1.2.2 了解机械基础知识；

    1.2.3 了解液压传动知识。

1.3 专业技术理论

    1.3.1 了解常用起重机械的分类、主要技术参数、基本构造及其工作原理；

    1.3.2 熟悉物体的重量和重心的计算、物体稳定性等知识；

    1.3.3 掌握起重吊点的选择和物体绑扎、吊装等基本知识；

    1.3.4 掌握吊装索具、吊具等的选择、安全使用方法、维护保养和报废标准；

1.3.5 熟悉两台或多台起重机械联合作业的安全理论知识和负荷分配方法；

1.3.6 掌握起重信号司索作业的安全技术操作规程；

1.3.7 了解起重信号司索作业常见事故原因及处置方法；

1.3.8 掌握《起重吊运指挥信号》（GB 5082）的内容。

2 安全操作技能

2.1 掌握起重指挥信号的运用。

2.2 掌握正确装置绳卡的基本要领和滑轮穿绕的操作技能。

2.3 掌握常用绳结的编打方法并说明其应用场合。

2.4 掌握钢丝绳、卸扣、吊环、绳卡等起重索具、吊具，以及常用起重机具的识别判断能力。

2.5 掌握钢丝绳、吊钩报废标准。

2.6 掌握钢丝绳、卸扣、吊链的破断拉力、允许拉力的计算。

2.7 掌握常见基本形状物体的重量估算能力，并能判断出物体的重心，合理选择吊点。

附录 4　建筑起重信号司索工安全操作技能考核标准（试行）

1　起重吊运指挥信号的运用

1.1　考核器具

　　1.1.1　起重吊运指挥信号用红、绿色旗 1 套，指挥用哨子 1 只，计时器 1 个；

　　1.1.2　个人安全防护用品。

1.2　考核方法

　　在考评人员的指挥下，考生分别使用音响信号与手势信号配合、音响信号与旗语信号配合，各完成《起重吊运指挥信号》（GB 5082）中规定的 5 个指挥信号动作。

1.3　考核时间：10min。具体可根据实际模拟情况调整。

1.4　考核评分标准

　　满分 30 分。按标准完成一个动作得 3 分。

2　装置绳卡

2.1　考核器具

　　2.1.1　三种不同规格钢丝绳（每种钢丝绳长度为 3~4m）；

　　2.1.2　不同规格的绳卡各 5 只；

　　2.1.3　其他器具：扳手 2 把、计时器 1 个；

　　2.1.4　个人安全防护用品。

2.2　考核方法

由考生装置一组钢丝绳绳卡。

2.3 考核时间：10min。

2.4 考核评分标准

满分 10 分。绳卡规格与钢丝绳不匹配的（或者绳卡数量不符合要求、绳卡设置方向错误的），不得分。螺栓扣紧度、绳卡间距、安全弯（绳头）设置不符合要求的，每项扣 2 分。

3 穿绕滑轮组

3.1 考核器具

3.1.1 滑轮组 2 副，长度为 4m 的麻绳（或化学纤维绳）2 根，计时器 1 个；

3.1.2 个人安全防护用品。

3.2 考核方法

由考生分别采用顺穿法和花穿法各穿绕一副滑轮组。

3.3 考核时间：5min。

3.4 考核评分标准

满分 10 分。在规定时间内穿绕正确、规范的，每副得 5 分；穿绕基本正确，但不规范的，每副得 2 分。

4 编打绳结

4.1 考核器具

4.1.1 长度 1m 的麻绳（或化学纤维绳）若干段；

4.1.2 其他器具：计时器 1 个。

4.2 考核方法

由考生编打二种绳结，并说明其应用场合。

4.3 考核时间：5 min。

4.4 考核评分标准

满分 10 分。在规定时间内编打正确，并正确说明其应用场合的，每种得 5 分；编打正确，但不能正确说明其应用场合的，每种得 3 分；编打错误，但能够正确说明其应用场合的，每种得 2 分。

5 起重吊具、索具和机具的识别判断

5.1 考核器具

5.1.1 不同规格的钢丝绳若干；

5.1.2 卸扣、绳卡、千斤顶、倒链滑车、绞磨、手扳葫芦、电动葫芦等起重吊、索具和机具实物或图示、影像资料；

5.1.3 其他器具：计时器 1 个。

5.2 考核方法

5.2.1 随机抽取 2 根不同规格的钢丝绳，由考生判断钢丝绳的规格；

5.2.2 从起重吊、索具和机具实物或图示、影像资料中随机抽取 5 种，由考生识别并说明其名称。

5.3 考核时间：10min。

5.4 考核评分标准

满分 10 分。在规定时间内正确判断一种规格钢丝绳，得 2.5 分；在规定时间内正确识别一种起重吊具、索具和机具的，得 1 分。

6 钢丝绳、卸扣、绳卡和吊钩的判废

6.1 考核器具

6.1.1 钢丝绳、卸扣、绳卡、吊钩等实物或图示、影像资料（包括达到报废标准和有缺陷的）；

6.1.2 其他器具：计时器 1 个。

6.2 考核方法

从钢丝绳、卸扣、吊钩、绳卡实物或图示、影像资料中随机抽取 4 件（张），由考生判断其是否达到报废标准或有缺陷，并说明原因。

6.3 考核时间：8min。

6.4 考核评分标准

满分 10 分。在规定时间内正确判断并说明原因的，每项得 2.5 分；判断正确但不能准确说明原因的，每项得 1 分。

7 重量估算

7.1 考核器具

7.1.1 各种规格钢丝绳、麻绳若干；

7.1.2 钢构件（管、线、板、型材组成的简单构件）实物或图示、影像资料；

7.1.3 其他器具：计时器 1 个；

7.1.4 个人安全防护用品。

7.2 考核方法

7.2.1 从各种规格钢丝绳、麻绳中随机分别抽取一种规格的钢丝绳和麻绳，由考生分别计算钢丝绳、麻绳的破断拉力、允许拉力；

7.2.2 随机抽取两种钢构件实物或图示、影像资料，由考生估算其重量，并判断其重心位置。

7.3 考核时间：10min。具体可根据实际考核情况调整。

7.4 考核评分标准

满分 20 分，考核评分标准见表 1。

考核评分标准　　　　　　　　　　　　　　　　表 1

序号	扣分标准	应得分值
1	钢丝绳、麻绳破断拉力计算错误的，每项扣 2.5 分	5
2	钢丝绳、麻绳允许拉力计算错误的，每项扣 2.5 分	5
3	钢材估算重量误差超过±10%的，每项扣 2.5 分	5
4	未能正确判定其重心位置的，每项扣 2.5 分	5
	合计	20